序　言

无损检测技术是产品质量控制中不可缺少的基础技术，随着产品复杂程度增加和对安全性保证的严格要求，无损检测技术在产品质量控制中发挥着越来越重要的作用，已成为保证军工产品质量的有力手段。无损检测应用的正确性和有效性一方面取决于所采用的技术和设备的水平，另一方面在很大程度上取决于无损检测人员的经验和能力。无损检测人员的资格鉴定是指对报考人员正确履行特定级别无损检测任务所需知识、技能、培训和实践经历所作的验证；认证则是对报考人员能胜任某种无损检测方法的某一级别资格的批准并作出书面证明的程序。对无损检测人员进行资格鉴定是国际通行做法。美国、欧洲等发达国家都建立了有关无损检测人员资格鉴定与认证标准，国际标准化组织 1992 年 5 月制定了国际标准 ISO 9712，规定了人员取得级别资格与所能从事工作的对应关系，通过人员资格鉴定与认证对其能力进行确认。无损检测人员资格鉴定与认证对确保产品质量的重要性日益突出。

改革开放以来，船舶、核、航天、航空、兵器、化工、煤炭、冶金、铁道等行业先后开展了无损检测人员资格鉴定与认证工作，对提高无损检测人员素质，确保产品质量发挥了重要作用。随着社会主义市场经济体制不断完善，国防科技工业管理体制改革逐步深化，技术进步日新月异，特别是高新技术武器装备科研生产对质量工作提出的新的更高要求，现有的无损检测人员资格鉴定与认证工作已经不能适应形势发展的要求。未来十年是国防科技工业实现跨越发展的重要时期，做好无损检测人员资格鉴定与认证工作对确保高新技术武器装备研制生产的质量具有极为重要的意义。

为进一步提高国防科技工业无损检测技术保障水平和能力，《国防科工委关于加强国防科技工业技术基础工作的若干意见》提出了要研究并建立与国际惯例接轨，适应新时期发展需要的国防科技工业合格评定制度。2002 年国防科技工业无损检测人员的资格鉴定与认证工作全面启动，各项工作稳步推进，2002 年 9 月正式颁布 GJB 9712—2002《无损检测人员的资格鉴定与认证》；2003 年 8 月出版了《国防科技工业无损检测人员资格鉴定与认证考试大纲》；2003 年 9 月国防科工委批准成立国防科技工业无损检测人员资格鉴定与认证委员会，授权其统一管理和实施承担武器装备科研生产的无损检测人员资格鉴定与认证工作，标志着国防科技工业合格评定制度的建立开始迈出了重要的第一步。鉴于国内尚无一套能满足 GJB 9712 和《国防科技工业无损检测人员资格鉴定与认证考试大纲》要求的教材，为了做好国防科技工业无损检测人员资格鉴定与认证考核工作，国防科工委科技与质量司组织有关专家编写了这套国防科技工业无损检测人员资格鉴定与认证培训教材。

本套教材比较全面、系统地体现了 GJB 9712—2002《无损检测人员的资格鉴定与

认证》和《国防科技工业无损检测人员资格鉴定与认证考试大纲》的要求，包括了对无损检测 I、II、III 级人员的培训内容，以 II 级要求内容为主体，注重体现 III 级所要求的深度和广度，强调实际应用；同时教材体现了国防科技工业无损检测工作的特色，增加了典型应用实例、典型产品及事故案例的介绍，并力图反映无损检测专业技术发展的最新动态。全套教材共 11 册，包括《无损检测综合知识》、《涡流检测》、《渗透检测》、《磁粉检测》、《射线检测》、《超声检测》、《声发射检测》、《计算机层析成像检测》、《全息和散斑检测》、《泄漏检测》和《目视检测》。

　　由于无损检测技术涉及的基础科学知识及应用领域十分广泛，而且计算机、电子、信息等新技术在无损检测中的应用发展十分迅速，教材编写难度较大。加之成书比较仓促，难免存在疏漏和不足之处，恳请培训教师和学员以及读者不吝指正。愿本套教材能够关国防科技工业无损检测人员水平的提高和促进无损检测专业的发展起到积极的推动作用。

　　本套教材参考了国内同类教材和培训资料，编写过程中得到许多国内同行专家的指导和支持，谨此致谢。

《国防科技工业无损检测人员
资格鉴定与认证培训教材》编审委员会
2004 年 3 月

前　言

根据国防科技工业无损检测人员资格鉴定与认证培训教材的编写要求，我们承担了《渗透检测》教材的编写，并贯彻以下编制原则：一是紧密围绕考试大纲，强调解决实际问题；二是突出体现国防科技工业无损检测工作特色，适当增加典型应用及案例的介绍；三是教材内容编排应按照基础理论、相关标准、编制检测规程和实验与操作四大部分安排章节。

《渗透检测》教材共设 9 章和一个附录。第 2、4、5、7 章和附录由林猷文、任学冬编写，其他章节由林猷文编写，全书由林猷文、任学冬整理定稿，孙殿寿担任主审，钱其林、胡学知、鞠清龙参加了审稿。

本教材主要特点有，一是在基本理论方面，内容比较全面、叙述深入浅出，既重点突出又方便使用。二是在应用方面，结合国防科技工业渗透检测的要求，选取了一些具有国防科技工业应用特点的工件，介绍了它们的渗透检测技术要点；三是增加了"国内外渗透检测材料简介"、"渗透检测工艺规程的编制"、"国内外渗透检测标准简介"、"安全和卫生技术"及"渗透检测实验"等章节，附录给出了一些典型缺陷显示图片，有助于学员在实际检测工作中对缺陷的认识及甄别，使培训收到更好的效果。教材目录中带"*"的章节仅适用于Ⅲ级人员。

本教材在编写中，除了参考国内外公开出版的一些文献外，还特别参考了无损检测学会编写的培训教材及航空、航天、兵器、船舶、核工业等内部培训教材，编写组对有关作者表示衷心感谢。

限于编者水平，错误和疏漏恐在所难免，热诚欢迎培训教师、培训学员、读者提出宝贵意见。

《渗透检测》编写组
2004 年 3 月

目　录

绪　论

0.1　渗透检测简介

1. 渗透检测的定义、原理和作用

渗透检测是一种以毛细作用原理为基础用于检测非疏孔性金属和非金属试件表面开口缺陷的无损检测方法。将溶有荧光染料或着色染料的渗透液施加于试件表面，由于毛细现象的作用，渗透液渗入到各类开口于表面的细小缺陷中，清除附着于试件表面上多余的渗透液，经干燥后再施加显像剂，缺陷中的渗透液在毛细现象的作用下被重新回渗到零件表面上，形成放大了的缺陷显示，在黑光下（荧光检验法）或白光下（着色检测法）观察，缺陷处可分别相应地发出黄绿色的荧光或呈现红色显示。用目视检验，即可检测出缺陷的形貌和分布状态。渗透检测与射线检测、超声检测、磁粉检测、涡流检测一起，并称为五种常规的无损检测方法。

由于渗透检测的独特性，其应用遍及现代工业的各个领域，是评价工程材料、零部件和产品的完整性、连续性的重要手段，也是实现质量管理，节约原材料，改进工艺，提高劳动生产率的重要手段，是产品制造和维修中不可缺少的组成部分。

2. 渗透检测的历史

渗透检测始于上世纪初，是目视检查以外最早应用的无损检测方法。在早期的机械工业中，有经验的检验人员根据铁锈位置、形状和分布状态来判断钢板是否存在裂纹，这是因为钢板在存放的过程中，水渗入裂纹造成电化学腐蚀，故裂纹上的铁锈比别的地方多。而"油-白垩"法是公认的最早应用的一种渗透检测方法，其步骤如下：首先将重油和煤油的混合液施加于被检件的表面，隔几分钟以后，将表面的油抹去，然后再涂以"酒精-白粉"的混合液，酒精挥发后，在存在裂纹的地方，裂纹中的油将被回渗到白色的涂层上，形成显示，这就是早期的渗透检测方法，它被广泛地应用于工业部门的检测中。

在 20 世纪 30 年代，磁粉检测被广泛地应用于机车维修上。由于它既能发现表面开口的缺陷，也能发现近表面的缺陷，即使被污物堵塞的缺陷也能揭示出来，加之磁粉检测所揭示的缺陷显示清晰，工作效率也高，故"油一白垩"法愈来愈多地被磁粉检测所替代，甚至有人预言：渗透检测作为一种检测手段，将会被淘汰。但事实并非如此，随着工业的发展，特别是航空制造业的发展，许多有色金属和非铁磁性材料越来越广泛的应用，而磁粉检测对此是无能为力的，因此人们再次把注意力集中到"油一白垩"法上，为使这种检测方法更加可靠，人们对这种方法进行改进。首先把染料加入到渗透液中去，使显示更加清晰，随后荧光染料也被加入到渗透液中，并采用显像粉显像，在紫外光照射下壹测裂纹，从而显著提高检测灵敏度，使渗透检测进入一个崭新的阶段。于是渗透

1

检测与射线检测、磁粉检测一起成为广泛使用的无损检测的手段。

断裂力学的研究表明：在恶劣的工作条件下，工件上微米级的表面裂纹都会成为导致设备破坏的裂纹源。因此，研制高灵敏度、无毒的渗透检测材料就成为一个重要的课题。由此引发 20 世纪 60、70 年代渗透检测的又一个发展高峰。国外成功地研制了闪烁荧光渗透检测材料，从而提高了渗透检测灵敏度。为减少对环境污染，又研制出水基渗透液、水洗法渗透检测技术和闭路检验技术，为更好适合于镍基合金、钛合金和奥氏体不锈钢的渗透检测，研制出严格控制硫、氟、氯等杂质元素含量的新型渗透液。

在 20 世纪 50 年代，我国在渗透检测上沿用苏联工业应用的主导检测材料。至 20世纪 60 年代中期，国内许多大型企业和科研单位纷纷自行研制渗透液，品种达数十种之多，主要供自己使用。20 世纪 70 年代后期，国内已成功研制出可检测微米级宽的表面裂纹且基本无毒害的着色剂，随后研制出水洗型和后乳化型荧光渗透液，这些产品的性能都达到国外同类产品的水平，故一投放市场即得到广泛应用。

随着检测技术的发展，国内外相继出现一些公司，专门向用户提供成套渗透检测材料和设备，更进一步促进渗透检测材料和设备的系列化和标准化。

低毒、高灵敏度渗透剂研制成功之后，在检测产品系列化、新的特殊用途渗透检测材料的开发以及配方改进、提高渗透检测材料的综合性能等各方面都得到迅速发展。今后，上述内容仍然是检测技术发展的主题，而涉及微米级缺陷内毛细现象这一复杂过程的渗透检测基本理论，也有待进一步研究，渗透检测工艺方法有待于进一步完善，渗透检测标准的质量也有待于进一步提高。可以相信：随着科学技术的发展，必将进一步促进我国渗透检测事业的发展，迎来一个更加辉煌的新时期。

0.2　渗透检测方法的分类

渗透检测方法的分类较多，目前较为广泛使用的分类方法主要是根据渗透液的种类、工件表面多余渗透液的去除方法和显像的方法进行划分。常见的分类方法有如下几种：

　1. 根据渗透液所含的染料成分的分类

根据渗透液所含的染料成分，渗透检测方法可分为着色法、荧光法和荧光着色法三大类。渗透液中含有红色染料，在白光或日光下观察缺陷的显示为着色法；渗透液中含有荧光染料，在紫外线的照射下观察缺陷处黄绿色荧光显示为荧光法；荧光着色法兼备荧光和着色两种方法的特点，即缺陷的显示图像在白光下显色，而在紫外线的照射下又能激发出荧光。

　2. 根据表面多余渗透液的去除方法的分类

根据表面多余渗透液的去除方法，渗透检测可分为水洗型、后乳化型和溶剂清洗型三大类。渗透液中含有一定量的乳化剂，工件表面多余的渗透液可直接用水清洗掉，这种方法称为水洗型渗透检测法。后乳化型渗透检测法的渗透液不含乳化剂，不能直接用水从工件表面清洗掉，必须增加一道乳化工序，也就是工件表面多余的渗透液要用乳化剂"乳化"之后方能用水清洗掉。溶剂去除型渗透检测中的渗透液也不含乳化剂，工件表面多余的渗透液用有机溶剂擦洗。

3．根据渗透液的种类和去除方法的分类

根据渗透液的种类和表面多余渗透液的去除方法进行分类，渗透检测方法的分类如表 0-1 所示。

表 0-1　根据渗透液种类和去除方法的分类

方 法 名 称	方 法 代 号	GJB2867A代号
水洗型荧光渗透检测	FA	Ⅰ类A
亲油性后乳化型荧光渗透检测	FB	Ⅰ类B
溶剂去除型荧光渗透检测	FC	Ⅰ类C
亲水性后乳化型荧光渗透检测	FD	Ⅰ类D
水洗型着色渗透检测	VA	Ⅱ类A
后乳化型着色渗透检测	VB	Ⅱ类B
溶剂去除型着色渗透检测	VC	Ⅱ类C

4．根据显像方法的分类

根据渗透检测中显像方法的分类如表 0-2 所示。

表 0-2　显像剂类型的分类

分 类	所使用的显像剂	代 号	GJB2867A代号
干式显像法	干粉显像剂	D	a
水基湿显像法	水溶性湿显像剂	A	b
	水悬浮性湿显像剂	W	c
非水基湿显像法	非水基显像剂	S	d
特殊显像法	特殊显像剂	E	f
自显像法	不用显像剂	N	—

表 0-2 所列的方法中，最常用的是非水基湿显像法和干粉显像法两大类，非水基湿显像剂又称溶剂悬浮型显像剂，也称速干式显像剂。干式显像法主要用于与荧光法配合使用；干式显像法、水基湿显像法和自显像法均不适用于与着色法配合使用。

0.3　渗透检测的优点和局限性

1．渗透检测的优点

渗透检测可检查各种非疏孔性材料表面开口的缺陷，如裂纹、折叠、气孔、冷隔和疏松等。它不受材料组织结构和化学成分的限制，不仅可以检查有色金属和黑色金属，还可以检查塑料、陶瓷及玻璃等非多孔性的材料。它具有较高的检测灵敏度，从目前渗透检测水平来看，超高灵敏度的渗透检测材料可清晰地显示宽 $0.5\mu m$、深 $10\mu m$、长度为 1mm 左右的细微裂纹；有关资料介绍渗透检测的最高灵敏度可达 $0.1\mu m$。而且，它的显示直观，容易判断。操作方法具有快速、简便的特点，一次操作即可检出任何方向的缺陷。此外，它还具有设备简单、携带方便，检测费用低，适应于野外工作等优点。

2. 渗透检测的局限性

渗透检测也存在一定的局限性，它只能检出零件表面开口的缺陷，对被污染物堵塞或经机械处理（如喷丸、抛光和研磨等）后开口被封闭的缺陷不能有效地检出。它也不适于检查多孔性或疏松材料制成的工件和表面粗糙的工件，因为检验多孔性材料时，会使整个表面呈现强的荧光背景，以致掩盖缺陷显示；而工件表面太粗糙时，易造成假象，降低检测效果。渗透检测只能检出缺陷的表面分布，难以确定缺陷的实际深度，因而很难对缺陷做出定量评价。检测结果受操作者的影响也较大。

0.4　渗透检测与其他常规检测方法的比较

渗透检测、磁粉检测、涡流检测、射线检测和超声检测并称为五种常规无损检测方法。

射线检测和超声检测均能检出工件的内部和外部的缺陷，但以检测内部缺陷为主。渗透检测只能检出表面开口的缺陷，而磁粉检测和涡流检测可检出表面和近表面（表层）的缺陷。渗透检测、磁粉检测和涡流检测这三种检测表面缺陷的方法比较见表0-3。

表 0-3　渗透检测与磁粉检测、涡流检测的比较

方　　法 项　目	渗 透 检 测 （PT）	磁 粉 检 测 （MT）	涡 流 检 测 （ET）
方法原理	毛细现象的作用	磁力作用	电磁感应作用
方法应用	制件检测	制件检测	制件检测、测厚、材料分选
检测材料	任何非疏孔性材料	铁磁性材料	导电材料
能检出的缺陷	表面开口缺陷	表面及近表面缺陷	表面及表层缺陷
缺陷方向对检出概率的影响	不受缺陷方向的影响	受缺陷方向影响，易检出垂直于磁力线方向的缺陷	受缺陷方向影响，易检出垂直于涡流方向的缺陷
工件表面粗糙度对检出概率的影响	表面越粗糙，检测越困难，检出率降低	受影响，但比渗透检测小	受影响大
缺陷显示方式	渗透液回渗	缺陷处产生漏磁场而有磁粉吸附	检测线圈电压和相位变化
缺陷显示	直观	直观	不直观（用物理量表示）
缺陷性质判定	基本可判定	基本可判定	难判定
缺陷定量评价	缺陷显示的大小、色深会随时间变化	不受时间影响	不受时间影响
缺陷显示器材	显像剂和渗透液	磁粉	电压表、示波器、记录仪
检测灵敏度	高	高	较低
检测速度	慢	快	最快，可实现自动化
污染	高	高	低

复 习 题

1. 什么是渗透检测？简述其原理及适用范围。

2. 简述渗透检测的分类形式，各分为哪几类？

3. 渗透检测有哪些优缺点？

4. 试比较渗透检测、磁粉检测和涡流检测的特点。

第1章　渗透检测的物理基础

1.1　表面张力和表面张力系数

1.1.1　表面张力的定义

体积一定的几何形体中，球体的表面积最小，因此，一定量的液体，当它从其他形状变为球形时，就伴随着表面积的减少。日常生活中，我们常见到荷叶上的水珠，玻璃板上的水银珠等，如果没有外力的作用或作用力不大时，总是趋向于自由收缩成球状。又如把玻璃板上的水银珠压扁后再去除外力，水银又很快恢复成球状。这些现象说明：在液体表面存在一种力，它作用于液体表面使液体表面收缩，并趋于使表面积达到最小，我们把这种存在于液体表面，使液体表面收缩的力称为液体的表面张力。

*1.1.2　表面张力产生的机理

1. 物质在自然界中存在的三种形态

自然界中的物质以三种形态存在，即气态、液态和固态，相应的介质是气体、液体和固体。

我们知道：物质是由一个个运动着的分子所组成的，分子具有动能，相邻分子之间还存在相互作用的吸引力。分子间的吸引力随分子之间距离的增大而减少，当分子之间的距离超过其分子直径 10 倍以上时，分子间的相互作用力变得十分微弱，可以近似地认为等于零。我们把相邻分子之间的作用力所能达到的最大距离叫做分子作用半径，用 r 表示。以 r 为半径的球形范围称为分子作用球，由此，我们能解释物质的三态。

气体分子间的平均距离较大，分子间的相互吸引力小，分子的动能足以克服分子之间的引力，所以，气体分子能向各个方向扩散并充满整个容积。气体没有一定的形状和体积。

固体分子间的平均距离小，分子间的引力很大，分子的动能不足以克服分子之间的引力，所以，它们只能在各自的平衡位置附近振动，因此，固体有一定的形状和体积，分子不易扩散。

液体分子间的平均距离比气体小，但比固体大，分子的动能不足以克服分子之间的引力，但液体内部存在分子移动的"空位"，因此，液体具有一定的体积，但没有一定的形状，可以流动。液体渗透检测就是利用液体能流动的这一特性来进行的。

2. 表面张力的形成

现在，我们研究液体内部分子和气-液界面上液体表面层分子的受力状态。如图 1-1 所示，球 A 代表分子 A 的分子作用球，它处于液体内部，相邻分子间作用于 A 分子的引力指向各个不同的方向，平均地说，这些作用力是相互抵消的，也就是说，在液体内部，

其他分子对某一分子的作用力的合力为零。分子 B 靠近表面，其分子作用球（球 B）已有一小部分已进入气相，由于气相中的分子之间的平均距离大，故吸引力小，而液体分子之间的平均距离小，故吸引力大，因此，分子 B 就受到一种垂直指向液体内部的吸引力，这种力称为内聚力。而分子 C 的分子作用球（球 C）已有大半个超出液体的表面，因而它所受到的内聚力更大。

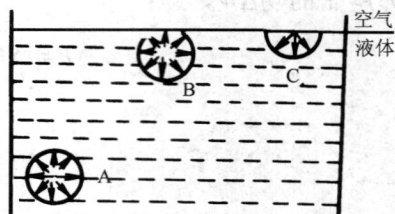

图 1-1　表面张力的形成

综上所述，在气-液界面上，存在一个液体表面层，它是由一个距液面的距离小于分子作用球半径的分子所组成的。所有液体表面层上的分子都受到内聚力的作用，这种作用力就是表面层对整个液体施加的压力，该压力在单位面积上的平均值称为分子压强。分子压强的方向总是与液面垂直，指向液体内部，在分子压强的作用下，有如在液体表面形成一层紧缩的弹性薄膜，这层弹性薄膜总是使液面自由收缩，有使其表面积减小的趋势，这就是表面张力产生的原因。

*1.1.3　表面张力系数

表面张力还可以用如图 1-2 的试验来说明，图中 EMNF 是金属框，AB 是活动边，AB 边同相连两边的摩擦力忽略不计。把液体做成液膜，例如肥皂液膜，框在 AMNB 内，由于液体表面存在表面张力，而表面张力的方向总是与液面相切指向使液面缩小的方向，因此，AB 边就会在表面张力作用下向使液面缩小的方向移动。若液面的宽度为 L，L 越大，则表面张力 f 也越大，为保持平衡，就必须施加一适当的与液面相

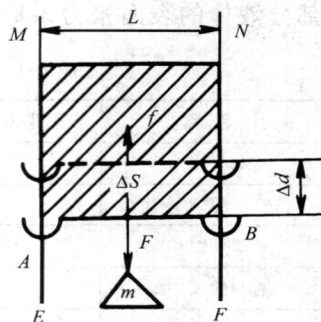

图 1-2　表面张力试验

切的力 F 于宽度为 L 的液面上，平衡时，这两个力大小相等方向相反，令 AB 为 L，则有：

$$F = mg = f = \alpha L \qquad (1-1)$$

式中　f —— 表面张力；

　　　L —— 液面边界线 AB 长度；

　　　α —— 表面张力系数；

　　　F —— 外作用力；

　　　m —— 所挂物体质量；

　　　g —— 重力加速度。

由上式可知，表面张力一般以表面张力系数表示，表面张力系数可定义为任一单位长度上的表面张力。它的作用方向与液体表面相切。它是液体的基本物理性质之一，它的法定单位是 N/m（牛顿/米）。

若 AB 边在外力 F 作用向下移动 Δd，这时由液面增加引起的液面能的增量 ΔE 就等于

外力所做的功ΔW，即：

$$\Delta E = \Delta W = F\Delta d = f\Delta d = \alpha L\Delta d = \alpha \Delta S$$

$$\alpha = \frac{\Delta E}{\Delta S} = \frac{\Delta W}{\Delta S}$$

式中　　ΔE —— 液面能的增量；

　　　　ΔW —— 外力所做的功；

　　　　ΔS —— 液面积的增量；

　　　　F —— 外力；

　　　　f —— 表面张力。

由此可见，表面张力系数α也可理解为扩大单位液体面积所需的功或增加单位表面积时液面位能的增量，这时α的单位为J/m^2（焦尔/米^2）。

液体表面张力系数小，液体表面能小，液体容易挥发。

部分液体的表面张力系数如表1-1所示。

表 1-1　常用液体材料的表面张力系数（20℃）

液 体 名 称	表面张力系数 /（10^{-3}N/m）	液 体 名 称	表面张力系数 /（10^{-3}N/m）
水	72.3	乙酸乙酯	27.9
乙 醇	23	甲 苯	28.4
苯	28.9	乙 醚	17
油 酸	32.5	水杨酸甲酯	48
煤 油	23	苯杨酸甲酯	41.5
松节油	28.8	丙 酮	23.7
硝基苯	43.9	四氯乙烯	35.6

注：表中数据指液体-气体的表面张力系数。

一般地说，表面张力系数与液体的种类和温度有关，一定成分的液体，在一定的温度和压力下有一定的α值；不同液体，α值不同；同一液体，表面张力系数α值随温度上升而下降；但有少数的熔融液体的表面张力系数α随温度的上升而增高，例如铜、镉等金属的熔融液体；含有杂质的液体比纯净的液体的表面张力系数要小。

1.2　润湿现象

1.2.1　润湿和不润湿

物质有气、液、固三态，又叫三相，物质相与相之间的分界面称为界面，常见的界面有气-液、气-固和液-固等几种，习惯上把气-液、气-固界面称为液体表面和固体表面。

液体和固体表面接触时，会出现不同的情况。例如把水滴滴在光洁的玻璃板上，水

滴会沿着玻璃面慢慢散开，即液体在与固体接触的表面有扩大的趋势，且能相互附着，这就是玻璃表面的气体被水所取代，也就是说，水能润湿玻璃。广而言之，润湿是固体表面的一种流体（气体或液体）被另一种流体所取代的现象，我们把这种现象称为润湿，如图 1-3b。相反的另一种现象就如水银滴在玻璃板的表面上那样，水银收缩成球状，即液体与固体表面有缩小的趋势，且相互不能附着，这是液体不润湿固体表面的现象，我们称之为不润湿，如图 1-3a。

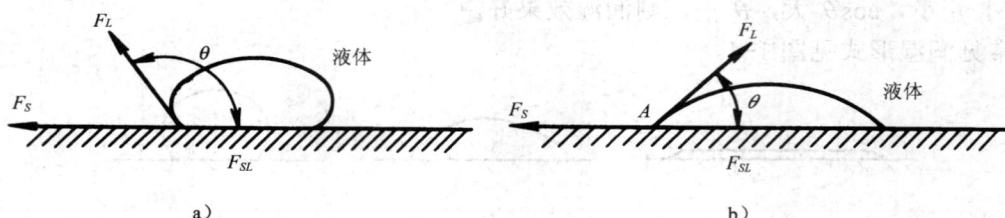

图1-3　润湿与不润湿

a）不润湿　b）润湿

1.2.2　接触角和润湿方程

定量地讨论润湿问题需要引入接触角的概念。接触角是指在液/固界面与界面处液体表面的切线所夹的角，常用 θ 表示，如图 1-3 所示。

将一滴液体洒在固体的平面上，可有三种界面：即液—气、固—气、固—液界面。与三种界面一一对应，存在三种界面张力，如图 1-3 所示，这三种界面张力分别是：液—气界面上的液体表面张力，它使液滴表面收缩，用 f_L 表示；固—气界面上存在固体与气体的界面张力，它力图使液滴表面铺开，用 f_S 表示；固—液界面上存在固体与液体的界面张力，它也力图使液滴表面收缩，用 f_{SL} 表示。气、液、固三相公共点 A 处，同时存在上述三种界面张力，当液滴停留在固体平面并处于平衡状态时，三种界面张力相平衡，各界面张力与接触角的关系是：

$$f_S - f_{SL} = f_L \cos\theta \qquad （1-2）$$

式中　f_S —— 固体与气体的表面张力；

　　　f_{SL} —— 固体与液体的表面张力；

　　　f_L —— 液体的表面张力；

　　　θ —— 接触角。

公式（1-2）可变为：

$$\cos\theta = \frac{f_S - f_{SL}}{f_L} \qquad （1-3）$$

此式是润湿的基本公式，常称为润湿方程。

接触角 θ 可用于表示液体的润湿性能，即可用于判定润湿以何种方式进行。习惯上将 θ 等于 90° 时作为判定润湿与否的标准。

1）当 $\theta > 90°$ 时，$\cos\theta < 0$，$f_S - f_{SL} < 0$，液体呈球形，产生不润湿现象，如图 1-4c 所示。

2）当 $0<\theta<90°$ 时，$0<\cos\theta<1$，$f_L>f_S-f_{SL}>0$，液体不呈球形，且能覆盖固体表面，产生润湿现象，如图 1-4b 所示。

3）当 $0<\theta\approx5°$ 时，$\cos\theta\approx1$，$f_L=f_S-f_{SL}$，这时产生完全润湿现象，习惯上将这种现象称为铺展润湿现象，如图 1-4a 所示。

接触角 θ 越小，说明润湿性能越好。液体的表面张力系数 α 对润湿性能好坏有较大的影响，表面张力系数 α 大，f_L 大，$\cos\theta$ 小，θ 大，则润湿效果差；反之，表面张力系数 α 小，f_L 小，$\cos\theta$ 大，θ 小，则润湿效果好。

常见润湿形式见图 1-4。

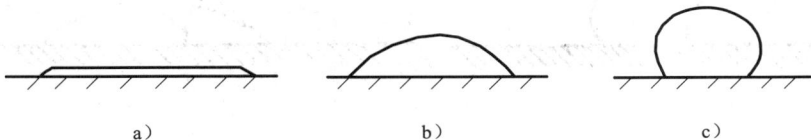

图1-4　三种不同的润湿形式示意图

a）铺展润湿　b）润湿　c）不润湿

渗透检测中，渗透液对工件表面的良好润湿是进行渗透检测的先决条件。只有当渗透液能充分地润湿工件表面时，渗透液才能向狭窄的缝隙内渗透。此外，还要求渗透液能润湿显像剂，以便将缺陷内的渗透液吸出，显示缺陷。因此渗透液的润湿性能是渗透液的重要指标，它是表面张力和接触角两种物理性能的综合反映。

某些固体与液体接触时，其接触角 θ 的实测数据如表 1-2 所示。

表 1-2　接触角 θ 的实测数据

固体 液体	碳素钢		不锈钢		镁合金		玻璃		铜	
	θ	$\cos\theta$	θ	$\cos\theta$	θ	$\cos\theta$	θ	$\cos\theta$	θ	$\cos\theta$
水	51.7°	0.620	40.7°	0.758	46.2°	0.694	39.5°	0.772	25.3°	0.904
机油	26.5°	0.895	17.1°	0.961	23.0°	0.921	19.7°	0.941	21.5°	0.930
松节油	4.0°	0.998	1.1°	0.999	5.0°	0.996	1.5°	0.999	1.0°	0.999
渗透液 E	4.3°	0.997	6.0°	0.995	12.0°	0.978	4.0°	0.998	2.0°	0.999
乳化剂 T	17.5°	0.954	18.0°	0.951	16.3°	0.960	14.0°	0.960	22.0°	0.927
乙二醇乙醚	4.8°	0.995	12.0°	0.978	4.5°	0.997	17.7°	0.963	6.0°	0.995

从上表可看出：对同种固体而言，不同的液体与其接触时，接触角 θ 不同，如水能润湿玻璃，但水银与玻璃却产生不润湿现象。同一液体，对不同的固体而言，它的接触角 θ 也不同，它可能是润湿的，也可能是不润湿的。例如水能润湿干净的玻璃，却不能润湿石蜡。同种的液体和固体相接触，固体材料表面的粗糙度也会导致接触角 θ 发生变化，当 θ 角小于 90° 时，表面粗糙度大将使接触角变小；当 θ 角大于 90° 时，表面粗糙度变小，将使接触角增大。

1.2.3　润湿现象产生的机理

润湿和不润湿现象的产生，是分子间力的相互作用的结果。当液体与固体相接触时，

形成一层与固体接触的液体附着层。附着层内的分子，一方面受到液体内部分子的吸引力，另一方面也受到固体分子的吸引力。如果固体分子与液体分子间的引力比液体分子间的引力强，附着层内分子分布就比液体内部更密，分子间距小，附着层里就出现相互推斥的力，这时液体跟固体的接触面积就有扩大的趋势，形成润湿现象。反之，如果固体分子间的引力比液体分子间的引力弱，附着层内分子的分布就比液体内部稀疏，附着层里就出现使表面收缩的表面张力，使液体与固体接触的面积趋于缩小，形成不润湿现象。

1.3   毛细现象

*1.3.1   弯曲液面的附加压强

当液体润湿（或不润湿）容器时，容器内的液面就会产生弯曲，形成凹液面或凸液面。弯曲液面的面积比平液面大，在表面张力的作用下，力图使弯曲液面缩小为平液面，从而使凸液面对液体内部产生压应力，凹液面对液体内部产生拉应力，这种弯曲液面单位面积对液体内部产生的拉应力或压应力称为附加压强，如图 1-5 所示。附加压强的方向总是指向弯曲液面的曲率中心。

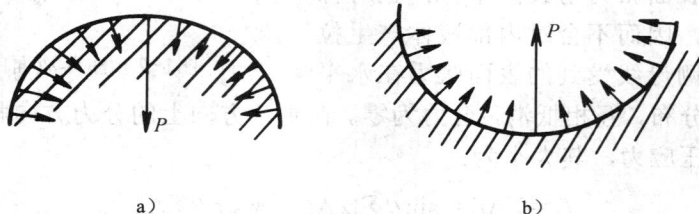

a)   b)

图1-5   弯曲液面的附加压强

a）凸液面   b）凹液面

常见的弯曲液面有球形液面和柱形液面，现分别加以讨论。

1. 球形液面的附加压强

球形液面如图 1-6 所示，设球面半径为 R，小球冠的面积为 ΔS，截面半径为 r，作用在周边长 ΔL 上的表面张力为 Δf，则：

$$\Delta f = \alpha \Delta L$$

Δf 在垂直和水平方向上的分力分别为 Δf_1 和 Δf_2，在整个周边上，Δf_2 呈对称分布，互相抵消，Δf_1 方向相同，互相迭加，对内部液体产生压应力，其大小为：

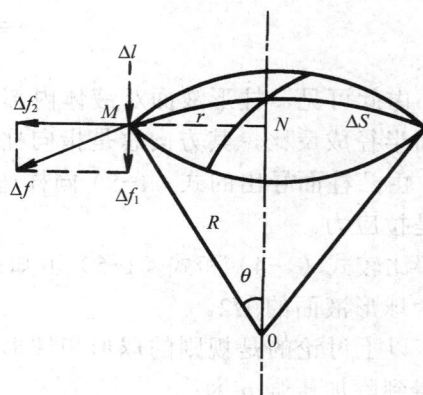

图1-6   球形液面的附加压强

$$f_1 = \sum \Delta f_1 = \sin\theta \sum \alpha \, \Delta L = \alpha \sin\theta \sum \Delta L$$

11

又因　$\sin\theta=\dfrac{r}{R}$　$\sum\Delta L=2\pi r$，故　$f_1=\dfrac{2r}{R}$　$2\pi r=\dfrac{2\alpha\pi r^2}{R}$

又因　$\Delta S=\pi r^2$，所以球形液面对内部液体产生的附加压强为：

$$p=\frac{f_1}{\Delta S}=\frac{2\alpha\pi r^2}{R\pi r^2}=\frac{2\alpha}{R} \tag{1-4}$$

式中　α —— 液体表面张力系数；

　　　　R —— 球形液面的曲率半径。

由此可见，球形液面对内部液体产生的附加压强的大小与液面的曲率半径成反比，与表面张力系数成正比，其方向总是指向球面中心。

式（1-4）是由凸球面导出来的，同样也适用于凹球面，只是凸球面对内部液体产生压应力，而凹球面产生的是拉应力。

2. 柱形液面的附加压强

柱形液面如图 1-7 所示，设柱形液面半径为 R，长为 a，宽为 b，面积 $\Delta S\approx ab$。柱面两端圆弧边界受到的表面张力与表面平行，且对称分布，互相抵消，因而不会对内部液体产生拉压应力。柱面两侧母线受到的表面张力在水平方向的分力对称分布，互相抵消，合力为零。在垂直方向上的分力方向相同，互相叠加，对液体内部产生压应力，其大小为：

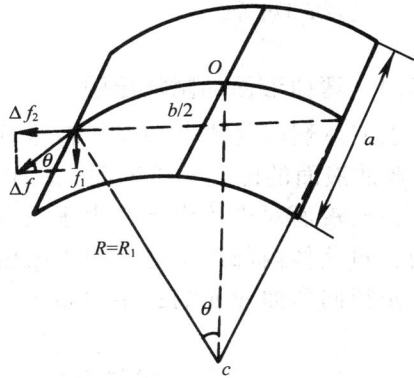

图1-7　柱形液面的附加压强

$$f_1=\sum\Delta f_1=\sin\theta\sum\alpha\,\Delta L=\alpha\sin\theta\sum\Delta L$$

又因：$\sin\theta=\dfrac{b}{2R}$，$\sum\Delta L=2a$，所以柱形液面对内部液体产生的附加压强 p 为：

$$p=\frac{f_1}{\Delta S}=\frac{\alpha ab}{Rab}=\frac{\alpha}{R} \tag{1-5}$$

由此可见，柱形液面对液体内部产生的附加压强的大小与表面张力系数成正比，与柱面半径成反比，其方向总是指向柱面中心。

由凸柱面导出的式（1-5）同样适用于凹柱面，只是凸柱面产生的是压应力，而凹柱面是拉应力。

比较式（1-4）和式（1-5）可知：在 α，R 相同的条件下，柱形液面产生的附加压强仅为球形液面的 1/2。

以上讨论的是规则的球形和柱形液面，若液面是任意弯曲液面，则可由拉普拉斯公式得到附加压强 p 为：

$$p=\alpha\left(\frac{1}{R_1}+\frac{1}{R_2}\right) \tag{1-6}$$

式中　R_1、R_2 —— 曲面某处在主要两个互相垂直方向的曲率半径。

对于球形液面，因：$R_1 = R_2 = R$，故：

$$p = \alpha \left(\frac{1}{R_1} + \frac{1}{R_2} \right) = \frac{2\alpha}{R}$$

对于柱形液面，因：$R_1 = R$，　$R_2 \to \infty$，故：

$$p = \alpha \left(\frac{1}{R_1} + \frac{1}{R_2} \right) = \frac{\alpha}{R}$$

对于平液面，因：$R_1 \to \infty$　，$R_2 \to \infty$，故：

$$p = \alpha \left(\frac{1}{R_1} + \frac{1}{R_2} \right) = 0$$

这说明平液面不会对内部液体产生附加压强，只有弯曲液面才会产生附加压强。

1.3.2　毛细管和毛细现象

如果把内径小于 1mm 的玻璃管（称毛细管）插入盛有水的容器中，由于水能润湿玻璃，水在管内形成凹液面，对内部液体产生拉应力，故水会沿着管内壁自动上升，使玻璃管内的液面高出容器的液面。管子的内径越小，它里面上升的水面也越高，如图 1-8a 所示。

如果把这根细玻璃管插入装有水银的容器里，则所发生的现象正好相反，由于水银不能润湿玻璃，管内的水银面形成凸液面，对内部液体产生压应力，使玻璃管内的水银液面低于容器里的液面。管子的内径越小，它里面的水银面就越低，如图 1-8b 所示。

润湿的液体在毛细管中呈凹面并且上升，不润湿的液体在毛细管中呈凸面并且下降的现象，称为毛细现象。

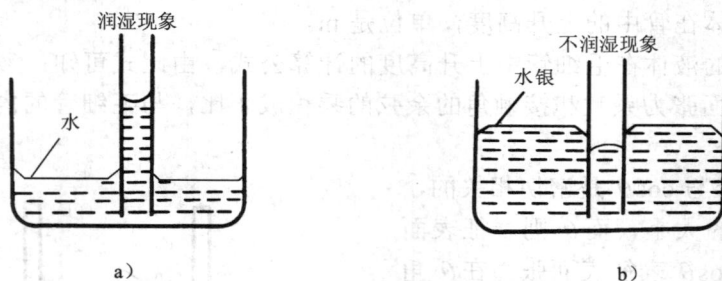

图1-8　毛细管现象

a）润湿现象　b）不润湿现象

1.3.3　毛细现象中的液面高度

1. 毛细管内液面高度

如前所述，将毛细管插入润湿的液体（例如水）中，如图 1-8a，管内液体形成凹液面，产生拉应力使管内液面上升，产生的拉力 F_U 为：

$$F_U = \frac{2\alpha}{R}\pi r^2$$

若令毛细管的内半径为 r，则有：$R = r/\cos\theta$，将此式代入上式，可得：

$$F_U = \frac{2\alpha\cos\theta}{r}\pi r^2 = 2\alpha\pi r\cos\theta$$

在拉力 F_U 的作用下，管内上升的液体会产生一个方向与 F_U 相反的重力，用 F_D 来表示，其大小为：

$$F_D = \pi r^2 \rho g h$$

式中 ρ —— 液体的密度；

g —— 重力加速度；

h —— 管内液体上升的高度。

达到平衡时，则管内升高的液体所产生的重力与附加压强产生的拉力相等，这时有：

$$F_U = F_D$$

即：

$$2\alpha\pi r\cos\theta = \pi r^2 \rho g h$$

化简并整理后可得：

$$h = \frac{2\alpha\cos\theta}{r\rho g} \qquad\qquad (1\text{-}7)$$

式中 α —— 液体表面张力系数，单位是 N/m；

θ —— 接触角，单位是度；

r —— 毛细管内壁半径，单位是 m；

ρ —— 液体的密度，单位是 kg/m^3；

g —— 重力加速度，单位是 m/s^2；

h —— 液体在管中的上升高度，单位是 m。

上式为润湿的液体在毛细管中上升高度的计算公式，由此式可知：液体在毛细管中上升的高度与表面张力系数和接触角的余弦的乘积成正比，与毛细管的内径和液体的密度成反比。

应当注意：α 与 $\cos\theta$ 是密切相关的，α 表征表面张力的大小，而 θ 则表征表面张力的方向，$\alpha\cos\theta$ 表征表面张力在 θ 角方向上的分力的大小，两者是密不可分的。实际上，对某一液体而言，α 增大，润湿效果差，接触角 θ 变大，$\cos\theta$ 减小；反之，α 减小，$\cos\theta$ 增大；可见二者是矛盾的，因而不能将二者分开讨论，孤立地看问题，误认为 h 与 α 成正比，实际渗透检测中，渗透液的 α 要适当，太大或太小都是不利的。

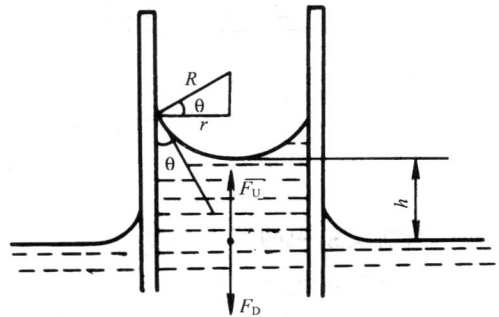

图1-9　毛细管中受力分析图

若液体能完全润湿管壁，即属于铺展润湿，此时 $\cos\theta \approx 1$，则式（1-7）可简化为：

$$h = \frac{2\alpha}{r\rho g} \qquad (1-8)$$

如液体不润湿管壁，则液体在管内形成球形凸液面，管内液面下降的高度也可以用式（1-7）进行计算。

2. 两平行平板间的液面高度

润湿的液体在间距很小的两平行板间也会产生毛细现象，如图 1-10 所示，该润湿液体的液面为柱形凹液面，产生拉应力，管内液面上升。若两平行板间的间距为 $2r$，用与上述相同方法，可推导出板内液面升高的公式为：

$$h = \frac{\alpha\cos\theta}{r\rho g} \qquad (1-9)$$

式中　α —— 液体表面张力系数，单位为 N/m；

θ —— 接触角，单位为度；

ρ —— 液体的密度，单位为 kg/m^3；

g —— 重力加速度，单位为 m/s^2；

h —— 液体在管中的上升高度，单位为 m；

r —— 两平行板间距的 1/2，单位为 m。

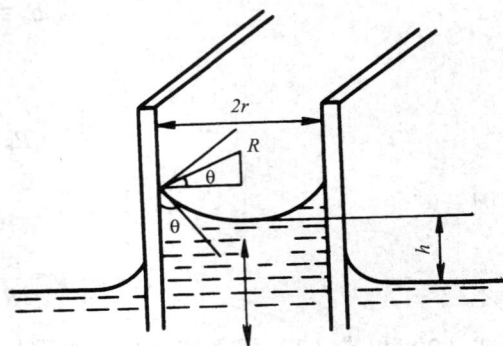

图1-10　两平行板间的毛细现象

比较式（1-7）和式（1-9）可知，在相同的条件下，毛细现象中柱形液面上升的高度仅为球形液面的 1/2。

如果液体不润湿平板，则两平行板间的液面为柱形凸液面，产生压应力，使板内液面降低，其液面降低的高度同样可用式（1-9）进行计算。

*1.3.4　缺陷内液面高度

上述讨论的毛细管内液面上升高度的计算公式只适用于贯穿型缺陷，但实际检测中，工件中的贯穿型缺陷是不常见的，常见的是非贯穿型缺陷，而非贯穿型缺陷的一端是封闭的，因此，缺陷内液面高度需另行讨论。

工件中的缺陷类型不同，缺陷形状也不同，缺陷内液体形成的弯曲液面也不同。如气孔常为圆柱形，故其液面为球形液面；裂纹可认为是两平行板间的毛细现象，故形成柱形液面。现以柱形液面为例，讨论非贯穿型缺陷内液面高度的计算方法。

如图 1-11 所示，工件表面有一下端封闭的槽形开口缺陷，当渗透液润湿工件缺陷表

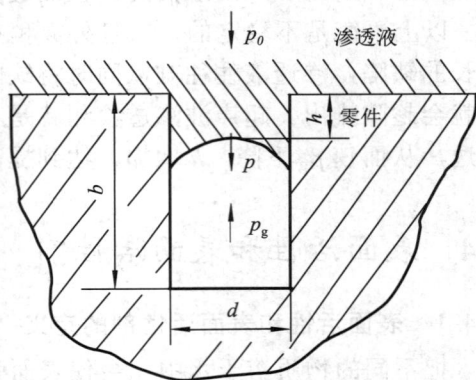

图1-11　非贯穿型缺陷内液面高度

面时，就会形成柱形液面，产生附加压强，使渗透液渗入缺陷内。当渗透液达到一定深度时，缺陷内的气体和渗透液所产生的蒸气被压缩将产生反向的压力，使液面的渗入深度受到限制，当达到平衡时，若不计液体的自重，则缺陷内受压的气体产生的反压强 p_g 等于大气压强 p_g 与柱形液面所引起的附加压强 p 之和。即：

$$p_g = p_0 + p \qquad (1)$$

根据波义耳-马略特定律：当温度一定时，一定质量的气体体积与其压力之积为常数，由此可得：

$$p_0 b = p_g (b-h)$$

即

$$p_g = \frac{p_0 b}{b-h} \qquad (2)$$

又因

$$p = \frac{\alpha}{R} = \frac{2\alpha \cos\theta}{d} \qquad (3)$$

把式（2）和式（3）代入式（1），整理后可得出渗透液渗入缺陷的深度 h 为：

$$h = \frac{2b\alpha \cos\theta}{p_0 d + 2\alpha \cos\theta} = \frac{b}{1 + p_0 d /(2\alpha \cos\theta)} \qquad (1-10)$$

式中　h —— 渗透液在缺陷中的渗入深度，单位是 m；

　　　b —— 缺陷深度，单位是 m；

　　　d —— 缺陷宽度，单位是 m；

　　　α —— 液体表面张力系数，单位是 N/m；

　　　θ —— 接触角，单位是度。

由上式可知：对于非贯穿型缺陷，渗透液渗入缺陷的深度 h 与缺陷自身的深度 b 成正比，与大气压强 p_0 和缺陷宽度 d 成反比，与 $\alpha\cos\theta$ 成正比。真空渗透检测就是通过减小大气压 p_0 来增加 h，从而提高检测灵敏度。

以上平衡是不稳定的，一旦外界稍有扰动，如振动，缺陷内的气体就会外逸。对于细长的缺陷，渗透液往往难以同时将缺陷开口完全封住，在渗透液渗入缺陷的同时，气体就会趁隙排出。超声波渗透检测就是利用超声振动来产生扰动，使缺陷内的气体不断外逸，从而使 p_g 下降，h 增加，达到提高检测灵敏度的目的。

1.4　表面活性和表面活性剂

1.4.1　表面活性和表面活性剂的定义

把不同的物质溶于水中，会使表面张力发生变化，各种物质水溶液的浓度与表面张力的关系可以归纳为 3 种类型，若以溶液的浓度为横坐标，以表面张力为纵坐标，可得

到如图 1-12 所示的 3 条曲线。第一类（曲线 1）在溶液浓度很低时，表面张力随溶液浓度的增加而急剧下降，但降至一定程度后（此时溶液的浓度仍然很低），下降减慢或不再下降，当溶液中含有某些杂质时，表面张力可能出现最低值（如图中虚线所示）。肥皂、洗涤剂等物质的水溶液就具有这样的特性。第二类（曲线 2）是表面张力随溶液浓度的增加而逐渐下降，如乙醇、丁醇、醋酸等物质的水溶液。第三类（曲线 3）是表面张力随溶液浓度的增加而上升，如氯化钠、硝酸等物质的水溶液。

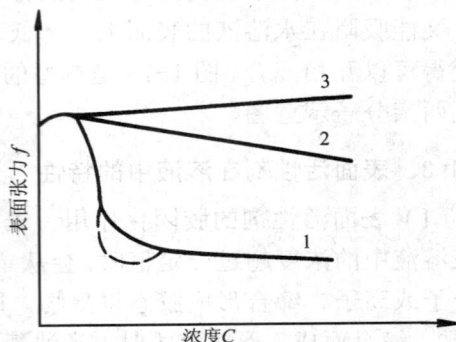

图1-12　表面张力 f 和浓度 C 关系曲线

　　因此，仅从降低表面张力这一特性而言，我们将凡能使溶剂的表面张力降低的性质称为表面活性。具有表面活性的物质称为表面活性物质。因此，对水溶液而言，凡是具有曲线 1 和曲线 2 的特性的物质都具有表面活性，都是表面活性物质。而对于那些具有曲线 3 的特性的物质则无表面活性，称之为非表面活性物质。但第 1 类和第 2 类又有明显的不同，第 1 类物质不但能明显地降低溶剂的表面张力，还具有生产实际所要求的特性，如润湿、乳化、增溶、起泡、去污等，这是第 2 类物质所不具备的，因此，我们把具有曲线 1 这种特性的表面活性物质称为表面活性剂。

　　由上所述，我们可以给表面活性剂下这样一个定义：当在溶剂（如水）中加入少量的某种溶质时，就能明显地降低溶剂（如水）的表面张力，改变溶剂的表面状态，从而产生润湿、乳化、起泡及增溶等一系列的作用，这种溶质称之为表面活性剂。

1.4.2　表面活性剂的种类和结构特点

　　实际应用的表面活性剂品种繁杂，但总结起来，可以从表面活性剂的化学结构特点给予简单归纳，因表面活性剂分子可以看作是在碳氢化合物（烃）分子上的一个或多个氢原子被极性基团取代而组成的物质。其中极性取代基可以是离子，也可以是非离子基团。由此一般可将表面活性剂分为离子型和非离子型两大类。表面活性剂溶于水时，凡能电离生成离子的叫离子型表面活性剂；凡不能电离生成离子的称为非离子型表面活性剂。由于非离子型表面活性剂在水溶液中不电离，所以稳定性高，不易受强电解质的无机盐类所影响，也不易受酸和碱的影响，与其他类型的表面活性剂的相溶性好，能很好地混合使用，在水和有机溶剂中，均具有较好的溶解性能；由于在溶液中不电离，故在一般固体表面上亦不易发生强烈吸附；所以，渗透检测中，通常采用非离子型的表面活性剂。

　　不论何种类型的表面活性剂，表面活性剂分子一般总是由极性基和非极性基构成的。它的极性基易溶于水，即具有亲水性质，故叫做亲水基；而长链烃基（非极性基）不溶于水而易溶于油，具有亲油性，故叫亲油基，也叫疏水基；而且两部分分处两端，形成不对称的结构；形似火柴，亲水基好比火柴头，对水和极性分子有亲和作用，亲油基好

比火柴梗，对油和非极性分子有亲和作用。因此，表面活性剂分子是一种两亲分子，具有亲油和亲水的两亲性质。这种两亲分子既能吸附在油水的界面上，降低油水界面的张力，又能吸附在水溶液的表面上，降低水溶液的表面张力，从而使不混合在一起的油和水变得可以互相混合。图 1-13 是典型的表面活性剂两亲分子示意图。

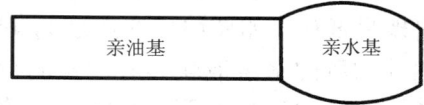

图1-13　表面活性剂两亲分子示意图

*1.4.3　表面活性剂在溶液中的特性

（1）表面活性剂的胶团化作用　表面活性剂在溶液中的浓度超过一定值时，会从单体（单个分子或离子）缔合形成胶态聚集物，即形成胶团。胶团是由许多表面活性剂分子（或离子）缔合而成，形成胶团时，亲油基聚集于胶团之内，而亲水基朝外，这一过程也称胶团化过程。典型的胶团结构如图 1-14。

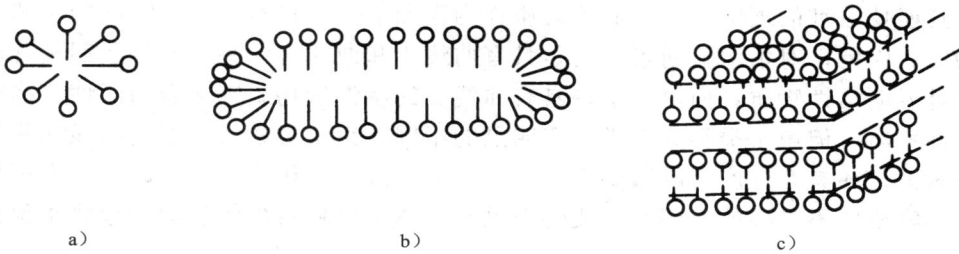

图1-14　胶团的典型模型

a）球状　b）棒状　c）层状

注：图中圆圈表示活性分子的亲水基，另一端表示亲油基

形成胶团时所需的最低浓度称为临界胶团浓度（简写为 CMC）。临界胶团浓度是衡量表面活性剂的活性的重要指标。表面活性剂的临界胶团浓度越低，表示此种活性剂形成胶团所需的浓度越低，因而改变表面和界面性质，起到润湿、乳化、增溶及起泡等作用时所需的活性剂浓度也越低，表面活性剂的表面活性越强。

胶团是由许多表面活性剂分子（或离子）缔合而成的典型的胶团结构如图 1-14。

根据多年的研究，一般认为：当浓度超过 CMC 不多时，胶团大多呈球状；在 10 倍于 CMC 或更大的浓溶液中，胶团大多呈棒状；当浓度更大时，形成巨大的层状胶团。

（2）表面活性剂在界面上的吸附作用　由于表面活性剂具有"两亲"分子的特殊结构，而水又是强极性液体，因此当表面活性剂溶于水中时，其亲水基有力图进入溶液中的倾向，而疏水基则有趋向离开水而伸向空气中的倾向，结果使表面活性剂分子在二相界面（这里指水的表面）上发生相对聚集，这种现象称为吸附。即表面活性剂分子具有自水或溶液中"逃离"的趋势，容易吸附并富集于水或溶液的表面，且形成定向的排列，极性的亲水基朝向水或水溶液，非极性的亲油基朝外，其状态如图 1-15 所示。当表面活性剂分子在溶液中的浓度达到或超过 CMC 时，表面的吸附近于饱和，此时，水或水溶液的表面在很大程度上已被表面活性剂的"两亲"分子所覆盖，等于形成一层由碳氢链形成的表面层，这就大大地改变了表面的性质，降低水或溶液的表面张力，提高润湿能

18

力，与乳化、起泡及洗涤等作用都有极大的关系。例如：使用表面活性剂，就可以使本来不相溶混的油和水混溶在一起，形成稳定的乳状液。这是因为表面活性剂分子能从水溶液内部迁移并吸附于油-水界面，并在界面上富集，且形成定向排列，极性亲水基朝向水，非极性的亲油基朝向油，使界面性质发生改变，从而起到乳化和洗涤的作用。油基渗透液可以用水去除，就是利用这一原理。

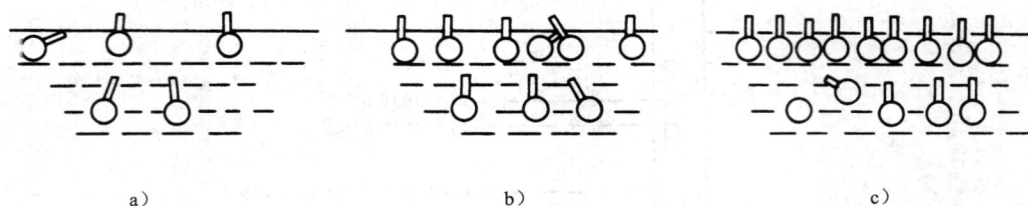

图1-15　表面活性剂吸附分子在水或水溶液表面上的状态

a）浓度很低时　b）中等浓度时　c）吸附近于饱和时

（3）表面活性剂的增溶作用　水溶液中表面活性剂的存在能使原来不溶或微溶于水的有机化合物的溶解度显著增加，这就是表面活性剂的增溶作用。增溶作用与溶液中胶团的形成有密切的关系。在未达到临界胶团浓度以前，并没有增溶作用，只有当表面活性剂在溶液中的浓度超过临界胶团浓度以后，增溶作用才明显地表现出来。胶团形成是微溶物溶解度增加的原因。表面活性剂在溶液中的浓度越大，胶团形成越多，增溶作用越显著。

（4）表面活性剂的亲水性　表面活性剂是否溶于水，即所谓亲水性大小是衡量表面活性剂的一项重要的指标。非离子型表面活性剂的亲水性用亲憎平衡值（H.L.B）来表示。其大小用非离子型表面活性剂中的亲水基分子量占表面活性剂的总分子量的比例来衡量，其计算式如下：

$$H.L.B = \frac{\text{亲水基部分的相对分子质量}}{\text{表面活性剂的相对分子质量}} \times \frac{100}{5} \qquad (1-11)$$

表面活性剂的 H.L.B 值除可按上式计算外，也可以根据表面活性剂在水中的分散情况来估计，详见表 1-3。

表 1-3　从表面活性剂在水中分散的情况来估计的 H.L.B 值

表面活性在水中分散的情况	H.L.B 值
在水中不分散	1～4
在水中分散不好	3～6
强烈搅拌后呈乳状分散	6～8
搅拌后呈稳定的乳状分散	8～10
搅拌后呈透明至半透明的分散	10～13
透明溶液	大于13

表面活性剂的 H.L.B 值和其作用的大概关系如图 1-16 所示，从图 1-16 可知：表面活性剂具有润湿、洗涤、乳化、增溶、起泡等作用。从图中还可以看出：H.L.B 值越高，

亲水性愈好；反之 H.L.B 值越低，亲油性愈好。

实际应用与图 1-16 所示的对应关系往往有较大的偏离，特别是对于水包油型的乳状液（O/W 型乳状液），作为乳化剂的 H.L.B 值的范围可以很大，甚至 H.L.B 值在 8 以上的表面活性剂都作为乳化剂，洗涤剂和增溶剂的 H.L.B 值也不仅限于图 1-16 中所示的数值范围之内。

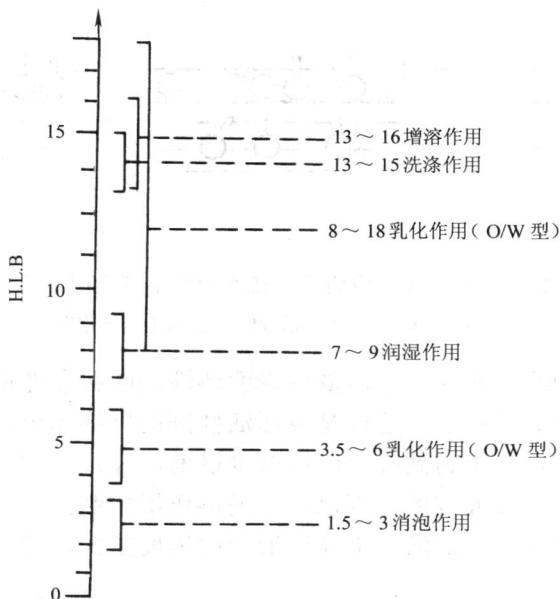

图 1-16 表面活性剂 H.L.B 值与其作用的对应关系

表 1-4 列出几种常用活性剂的 H.L.B 值。

表 1-4 常用活性剂的 H.L.B 值

名 称	主 要 成 分	H.L.B
ОП-7	烷基苯酚聚氧乙烯醚	12.0
TX-10	烷基苯酚聚氧乙烯醚	14.5
乳百灵 A	脂肪醇聚氧乙烯醚	13.0
润湿剂 JFC	脂肪醇聚氧乙烯醚	12.0
M O A	脂肪醇聚氧乙烯醚	5.0
吐温-80	失水山梨醇脂肪酸脂聚氧乙烯醚	15.0
斯盘-20	失水山梨醇单月桂酸酯	8.6
阿特姆尔-67	单硬脂酸甘油酯	3.8

将几种不同 H.L.B 值的表面活性剂按一定比例混合在一起，可得到一种新 H.L.B 值的表面活性剂，其物理化学性能有明显变化。为得到合适的 H.L.B 值，常在表面活性剂中添加另一种表面活性剂，混合后的表面活性剂比单一的表面活性剂性能好，使用效果更佳。因此，从使用效果和经济上考虑，在渗透检测中，经常使用的是工业生产的表面活性剂，而没有必要使用很纯的表面活性剂。几种非离子型表面活性剂混合后的 H.L.B 值可按下式计算：

$$H.L.B = \frac{ax + bY + cZ + \cdots}{X + Y + Z + \cdots} \qquad (1-12)$$

式中　a、b、c ——混合前几种表面活性剂的 H.L.B 值；

　　　X、Y、Z ——混合前几种表面活性剂的重量。

下面举例说明 H.L.B 值的计算。

例 1：月桂醇聚氧乙烯醚的分子式为 $C_{12}H_{25}(OC_2H_4)_6OH$，亲水基部分的分子结构为 $(OC_2H_4)_6OH$，求 H.L.B 值。

解：总分子量为：

12C+25H+12C+25H+7O=12×12＋25×1＋12×12＋25×1＋7×16=450

亲水基部分的分子量为：

12C+25H+7O=12×12＋25×1＋7×16=281

因此：$H.L.B = \frac{281}{450} \times \frac{100}{5} = 12.5$

答：月桂醇聚氧乙烯醚的 H.L.B 值为 12.5。

例 2：计算 10 克的 TX-10 和 20 克的 MOA 混合后的 H.L.B 值。按式（1-12）计算：

解：从表 1-4 中可查出 TX-10 的 H.L.B 值为 14.5，MOA 的 H.L.B 值为 5.0，将上述数值代入式（1-12），则：

$$H.L.B = \frac{10 \times 14.5 + 20 \times 5}{10 + 20} = 8.2$$

答：10 克的 TX-10 和 20 克的 MOA 混合后的 H.L.B 值为 8.2。

1.5　乳化作用

1.5.1　乳化现象和乳化剂

众所周知，当衣服被油污弄脏以后，放在水中，无论怎样洗刷都难以洗净，但是用肥皂或洗衣粉对衣服浸泡后再洗刷，很快就可以把油污洗掉。这是由于肥皂或洗衣粉溶液与衣服上的油污产生乳化作用所致。

把两种互不混溶的油和水同时注入一个容器中，无论如何搅拌，若静置一段时间以后，分散在水中的油滴会逐渐聚集，出现油水分层，上层是油，下层是水，在分界面上形成明显的接触膜，这是因为油滴分散在水中，其表面积大大地增加，而油水分层后，表面积达到最小。从表面张力系数的物理意义可知：液体表面积增加，其表面能也随之增加。而液体表面能高，则处于不稳定状态，体系将向能量较低的油水分层体系过渡，以求稳定。因此油水混合并静置后，总是要分成二层。

如在容器中再注入一些表面活性剂并加以搅拌，油就会分成无数微小的液珠球，稳定地分散在水中形成乳白色的液体，即使静置以后也很难分层，这种液体称为乳化液。这种由于表面活性剂的作用，使本来不能混合到一块的两种液体能够混合在一起的现象称为乳化现象。我们把具有乳化作用的表面活性剂称为乳化剂。

*1.5.2　乳化作用的机理

如前所述：乳化剂属于表面活性剂，它具有亲水基和亲油基的两亲分子，亲水基对水和极性分子有亲和作用，而亲油基则对油和非极性分子有亲和作用。当乳化剂加到油水混合液中时，乳化剂易在油水界面上吸附并富集，亲油基与油层相连，亲水基与水层相连，起到搭桥的作用，使两种不相溶的液体连在一起，形成均匀的乳浊液。在这种现象中，乳化剂起到两个作用，其一是当乳化剂在油水界面吸附并富集时，改变了界面的性质和状态，降低界面张力，使油滴表面能不因表面积的增加而急剧增加，从而使体系始终保持表面能较低的稳定状态，乳化剂的另一作用是能在分散的液滴表面形成一种具有一定强度的保护膜，阻止液滴因碰撞而又重新聚集，而且当保护膜受损时，能自动弥补受损处。

1.5.3　乳化形式

从图 1-16 可知，乳化剂的乳化形式一般分为两种类型。H.L.B 值在 8～18 的表面活性剂的乳化形式为水包油型（O/W），这种乳化剂能将与水不相混溶的油状液体呈细小的油滴分散在水中，所形成的乳状液称为水包油型乳状液（如牛奶），因而这种乳化剂也称为亲水性乳化剂。后乳化型渗透液的去除，多采用这种乳化剂，其 H.L.B 值一般在 11～15 之间，所形成的乳化液可以直接用水冲洗。H.L.B 值在 3.6～6 的表面活性剂的乳化形式为油包水型（W/O），这种乳化剂能将水以很细小的水滴分散在油中（如原油），故称为亲油性乳化剂。后乳化型渗透液有时也采用这类乳化剂去除。

*1.5.4　非离子型乳化剂的凝胶现象

非离子型乳化剂与水混合时，其混合物的粘度随含水量而变化，当乳化剂与水的混合物的含量在某一范围内时，混合物的粘度有极大值，此范围称为凝胶区。这种现象称为凝胶现象。

在渗透检测中，用水清洗工件表面多余渗透液时，需接触大量的水，乳化剂的含水量超过凝胶区，粘度变小而易被水洗掉；而在缺陷处，由于缝隙开口小，所接触的水量少，乳化剂中的含水量在凝胶区范围内，形成凝胶，粘度很大，如同软塞子封住缺陷开口处，使缺陷内的渗透液不易被水冲洗掉，能较好地保留在缺陷中，从而提高检测的灵敏度。以非离子型表面活性剂为主要成分的乳化剂的凝胶现象见示意图 1-17。

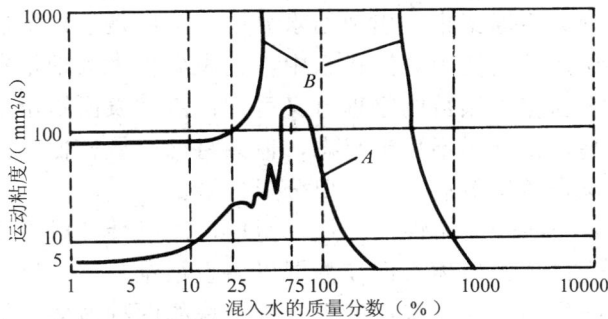

图1-17　非离子型乳化剂的凝胶现象（曲线 *B*）
典型渗透液的粘度与加水量的关系（曲线 *A*）

不同种类的物质对凝胶作用的影响不同，如煤油、汽油、二甲苯、二甲基萘等具有促进凝胶的作用，因此，在渗透液中常适当加入这类物质。而丙酮、乙醇等物质具有破坏凝胶的作用，因此常在显像剂中加入此类物质，以利于使缺陷中的渗透液被显像剂吸附出来，扩展成像。采用上述两种方法，均有利于提高检测灵敏度。

1.6　渗透检测中的光学基础知识

1.6.1　可见光和紫外线

着色渗透检测时，经显像后，人眼可在白光下观察到缺陷的显示。白色光也称可见光，其波长范围为 400~760nm，可由日光、白炽灯或高压水银灯等得到。荧光渗透检测时，经显像后缺陷的显示在白光下是看不到的，只有在紫外线的照射下，缺陷显示发出明亮的荧光，在暗场才可以被人眼所观察到。紫外线是一种波长比可见光更短的不可见光，荧光检验所用的紫外线的波长在 330~390nm 范围内，其中心波长约 365nm。紫外线也称黑光，荧光渗透检测时所用的紫外线灯也称黑光灯。

可见光和紫外线的波长范围在电磁波谱图中的位置见图 1-18。

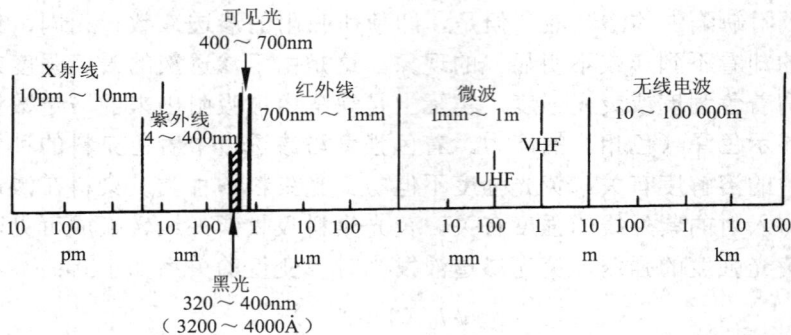

图1-18　可见光和紫外线的波长范围在电磁波谱中的位置

1.6.2　光致发光

许多原来在白光下不发光的物质在紫外线照射下能够发光，这种被紫外线激发而发光的现象，称为光致发光。能产生光致发光现象的物质，称为光致发光物质。光致发光物质常分为两类，一种是磷光物质，另一种是荧光物质，两者之间的区别在于：在外界光源停止照射后，仍能持续发光的，称为磷光物质；在外界光源停止照射后，立刻停止发光的，称为荧光物质。

我们知道：物质的分子是由原子组成的，而原子是由带正电的原子核和带负电的电子所构成。在原子中，电子以原子核为中心按一定的规律排布在距原子核不同距离的电子层上，并以极高的速度绕原子核运转，离原子核较近的电子，与原子核的联系越牢固，能级也越低。

在正常情况下，大多数电子都处于能量最低的状态，称为基态。当紫外线照射到荧

光物质时，离原子核较近的低能电子吸收紫外线的能量，从低能级的轨道跃迁到高能级的轨道上，这就使电子的能量升高，由基态跃迁到能量较高的某一状态，称为激发状态。高能级的激发态相对于基态是一种不稳定的状态，因此，会在很短的时间内将自发地向能量较低的基态过渡，这就使处于高能状态的电子自发地跳跃到较低能级的轨道上，电子由高能级轨道跃迁到低能级轨道时，将辐射出一定能量的光子，当光子的波长在可见光的波长范围时，就会出现光致发光现象。

由于原子核外电子的能级特定，而光致发光所产生的光谱波长取决于核外电子的能级差，因此，光致发光产生的谱线是线状谱，并非连续谱，其波长是一定的，不随入射光的能量而变。由于在吸收和能量转移过程中，有部分能量变成热能，故荧光波长一般大于入射光的波长。

荧光渗透液中的荧光染料属于荧光物质，它能吸收紫外线的能量，发出荧光，不同的荧光物质发出的荧光颜色不同，波长也不同，它们的波长一般在 510～550nm 的范围内。因为人眼对黄绿色光较为敏感，故在荧光渗透检测中，常使用能发出波长为 550nm 左右的黄绿色荧光的荧光物质，YJP-1、YJP-15 等都属于这类物质。

*1.6.3 着色（荧光）强度

显像剂吸附缺陷中的渗透液，但是，即使所吸附的渗透液数量相同，仍会出现有的看得到而有的却看不到（或不明显）的现象，这是由于渗透液的着色强度或荧光强度不同所致。所谓着色强度或荧光强度，实际上是缺陷内被吸附出来的一定数量的渗透液，在显像后能显示色泽（色相）的能力。着色强度与渗透液中着色染料的种类有关，与染料在渗透液中的溶解度有关。荧光强度不但与荧光染料的种类及染料在渗透液中的溶解度有关，还与入射的紫外线的强度有关。荧光染料吸收紫外线转换成可见荧光的效率，将直接影响荧光强度的强弱，荧光渗透液发光时各变量的关系如下式：

$$I_f = \phi I_0 \left(1 - e^{-KCX}\right) \tag{1-13}$$

式中　I_f —— 可见光内测定的荧光强度；

　　　I_0 —— 工件表面测定的紫外线强度；

　　　C —— 荧光染料的有效浓度；

　　　K —— 荧光染料的消光系数；

　　　X —— 荧光渗透液的膜层厚度；

　　　ϕ —— 染料系统所产生的可见光量。

着色（荧光）强度常用吸光度和临界厚度来度量。

吸光度表征光线通过有色溶液后部分光线被溶液吸收使透射光强度减弱的程度，用消光系数 K 表示，它定义为入射光强 I_0 与透射光强 I 之比的常用对数值。消光系数 K 与渗透液中染料的浓度及光线所透过的液层厚度的乘积成正比，常用下式表示：

$$K = \lg \frac{I_0}{I} = a C L \tag{1-14}$$

式中　K —— 消光系数；

　　　I_0 —— 入射光强；

　　　　I —— 透射光强；

　　　　a —— 比例系数；

　　　　C —— 渗透液中染料的浓度；

　　　　L —— 光线所透过的液层厚度。

　　上式称为郎白比耳定律。可见渗透液的消光系数 K 越大，着色（荧光）强度就越大，缺陷显示越清晰。由上式可知：增大渗透液中染料的浓度，可增大它的消光值，提高渗透检测的灵敏度。因此，在渗透液的配制中，选择合适的染料及相应的溶剂，以提高渗透液中染料的浓度，是十分重要的。

　　所谓渗透液的临界厚度，是指被显像剂所吸附上来的渗透液，厚度达到某一定值时，若再增加其厚度，该渗透液的着色（荧光）强度也不再增加，此时的液层厚度称为渗透液的临界厚度。可见渗透液的临界厚度越小，着色（荧光）强度就越大，缺陷显示越易于发现。

1.6.4　光度学的单位

　　不同光源所发出的光的强弱是不同的，即使同一光源，它向各个不同方向所发出的光的强弱也不一定相同，为说明光源发光强弱的这一特性，引进下列几个概念：

　　（1）辐射当量　辐射是能量传递的一种方式，辐射当量是指辐射源（如光源）在单位时间内向给定方向所发射的光能量，即以辐射形式所发射、传播和接受的功率，故又称辐射功率。单位是瓦特。

　　（2）光通量　光源发射的各种波长的光，并不都能引起眼睛的视觉，而且不同波长的光即使能量相同，眼睛的视觉灵敏度也不同。能引起眼睛视觉强度的辐射通量，单位是流明（lm）。1 lm 是指发光强度为 1cd 的光源在一个球面度内的光通量。

　　（3）发光强度　发光强度是指光源向某方向单位立体角发射的光通量。国际单位名称是坎德拉，用符号 cd 表示。1cd 是指某给定单色光源（频率为 $540×10^{12}$Hz，波长为 0.550μm）在给定方向上（该方向上辐射强度为 1/683W/sr）的发光强度。（球面度是一个立体角，其顶点位于球心，而它在球面上截取的面积等于以球半径为边长的正方形面积）。

　　（4）照度　照度是指被照射的物体在单位面积上所接受的光通量，单位是勒克司（lx）。被均匀照射的物体在 $1m^2$ 面积上得到的光通量是 1 lm 时，它的照度就是 1 lx。即：1 lx=1 lm/m^2。照度是表示物体被照明的程度。

　　如果用 F 代表照射在某一表面上的光通量，S 代表这个表面的面积，E 代表这个表面的照度，则有：

$$E=\frac{F}{S} \tag{1-15}$$

　　显然，对于一定面积的表面，照射到它上面的光通量越大，这个表面的照度也越大，如果光通量的大小一定，则被均匀照射的表面积越大，表面的照度就越小。

1.7 可见度和对比度

1. 可见度

渗透检测最终能否检查出缺陷，依赖于缺陷的显示能否被观察到，而缺陷显示能否被观察到，用可见度来衡量，可见度越高，缺陷的检出能力越强。可见度是观察者相对于背景、外部光等条件下能看到显示的一种特征，可见度与显示的对比度是密切相关的。

2. 对比度

显示和围绕这个显示周围的表面背景之间的亮度或颜色之差，称为对比度。对比度可用这个显示和显示的表面背景之间反射光或发射光的相对量来表示，这个相对量称为对比率。

试验测量结果表明，从纯白色表面上反射的最大光强度约为入射光强度的98%，从最黑的表面上反射的最小光强度为入射白光强度的 3%，这意味着黑白之间能得到的最大对比率为 33 比 1，实际上要达到 33 比 1 是极不容易的。黑色染料显示与白色显像剂背景之间的对比率为90%比 10%，即 9 比 1，这已是很高的比率了。红色染料显示与白色显像剂背景之间的对比率只有 6 比 1。

荧光显示与不发光的背景之间的对比率数值要比颜色对比率高得多，因为荧光和非荧光之间是发光显示和暗的背景之比，即使周围环境不可避免地存在一些微弱的白光，这个对比率仍可达 300 比 1，甚至达 1000 比 1。在完全暗的理想情况下，对比率可达无穷大。

由于着色渗透检测时的对比率远小于荧光渗透检测时的对比率，因此荧光渗透检测有较高的灵敏度。

3. 影响可见度的因素

影响可见度的因素较多，主要与显示的颜色、背景、显示的对比度、显示本身反射或发射光的强度、周围环境光线的强弱及观察者的视力等因素有关。

人的眼睛具有复杂的观察机能，人眼睛的敏感特性如图 1-19 所示。

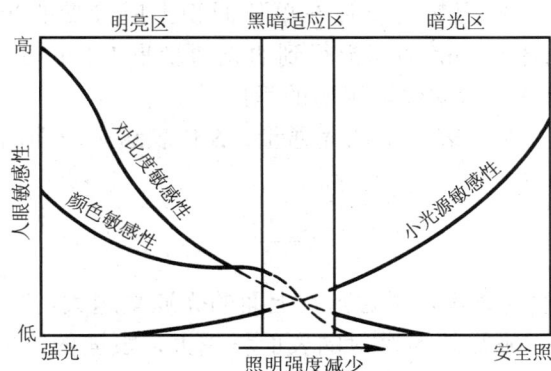

图1-19　人眼睛敏感特性图

从图中可看到：在强光下，人眼对光强度的微小差别不敏感。而对颜色和对比度差

别的辨别能力很强；但在暗光环境中，人眼辨别颜色和颜色对比度的本领则很差，却能看见微弱发光的物体。当一个人从明亮的地方进入暗的地方时，在短的时间内，眼睛看不清周围的东西，必须经过一定时间后，才能看见周围的东西，这种现象称为黑暗适应。同样，从暗室到明亮的地方，会感到眼睛模糊，短时间内看不清或看不见周围的东西，因此也需要足够的恢复时间。当眼睛直接观察发光的小物体时，人的眼睛感觉到的光源尺寸要比真实物大，这是因为人的眼睛有放大的作用。

人的眼睛对各色光的敏感性是不同的，对黄绿色光最敏感，在暗场中，黄绿色光具有最好的可见度，渗透检测采用荧光渗透液时，在紫外线照射下发黄绿色荧光，因而缺陷显示在暗室里具有最好的可见度。

复 习 题

1. 什么是表面张力？什么是表面张力系数？它有什么特征？

2. 接触角的定义是什么？什么叫润湿？*它与接触角有何关系？

3. 举例说明什么是毛细现象？试分析毛细管中的受力状态。写出润湿液体在毛细管中上升高度表达式。

4. 表面活性剂的 H.L.B 值不同，对应的作用也不同，请简述其对应关系。

5. 什么叫表面活性剂？简述表面活性剂的结构特点。

6. 乳化有哪些形式？它们与 H.L.B 值有何联系？

7. 什么叫非离子型乳化剂的凝胶现象？为什么利用非离子型乳化剂的凝胶现象可以提高渗透检测的灵敏度？

8. 什么叫紫外线？荧光渗透检测所用的紫外线的波长范围是多少？其中心波长是多少？

9. 什么叫光致发光？简述光致发光的机理。

10. 什么叫发光强度、光通量和照度？

11. 什么叫对比度？什么叫可见度？影响可见度的因素有哪些？

第2章　渗透检测材料

渗透检测材料主要包括渗透液、去除剂和显像剂三大类。

2.1　渗透液

渗透液是一种含有着色染料或荧光染料且具有很强的渗透能力的溶液。它能渗入表面开口的缺陷并被显像剂吸附出来，从而显示缺陷的痕迹显示。渗透液是渗透检测中最关键的材料，它的质量直接影响渗透检测的灵敏度。

渗透检测中所使用的渗透液有荧光渗透液和着色渗透液两类，每一类又可分为水洗型、后乳化型和溶剂去除型，此外，还有一些特殊用途的渗透液。

2.1.1　理想渗透液应具备的性能

不论何种类型的渗透液，理想的渗透液应具备下列性能：

1）渗透能力强，能容易地渗入工件表面细微的缺陷中去。

2）具有较好的截留性能，即能较好地停留在缺陷中，即使是在浅而宽的开口缺陷中的渗透液也不易被清洗出来。

3）容易从被覆盖过的工件表面清除掉。

4）不易挥发，不会很快地干在工件表面上。

5）有良好的润湿显像剂的能力，容易从缺陷中吸附到显像剂表面层而显示出来。

6）扩展成薄膜时，对荧光渗透液仍有足够的荧光亮度，对着色渗透液，应仍有鲜艳的颜色。

7）稳定性能好，在热和光等作用下，仍保持稳定的物理和化学性能，不易受酸和碱的影响，不易分解，不混浊和不沉淀。

8）闪点高，不易着火。

9）无毒，对人体无害，不污染环境。

10）有较好的化学惰性，对工件或盛装的容器无腐蚀作用。

11）价格便宜。

任何一种渗透液不可能全面达到理想的程度，只有尽可能接近理想水平。实际上，每种渗透液的配制都采取折衷的办法、或者采取"取舍"的办法，即突出某一项或某几项性能指标，例如：水洗型渗透液突出"易于从工件表面去除多余渗透液"的性能，而后乳化型渗透液则突出了"能保留在浅而宽的缺陷中"的性能。

2.1.2　渗透液的物理化学性能

1.　表面张力和接触角

表面张力用表面张力系数来表示。接触角则表征渗透液对工件表面和缺陷表面的润

湿能力。渗透液的渗透能力是用渗透液在毛细管中上升的高度来衡量的，从液体在毛细管中上升高度的公式（1-7）中可知：渗透液的渗透能力与表面张力系数和接触角的余弦的乘积成正比，可见表面张力和接触角是表征渗透液的渗透能力的两个重要参数，因此，渗透检测中常用静态渗透参量（SP）来表征渗透液的渗透能力。静态渗透参量（SP）用下式表示：

$$SP = f_L \cos\theta \tag{2-1}$$

式中　SP——静态渗透参量；
　　　f_L——表面张力；
　　　θ——接触角。

SP 值越大，渗透液的渗透能力越强。当接触角 $\theta \leqslant 5°$ 时，$\cos\theta \approx 1$，因此：$SP = f_L$。从这个意义上，静态渗透参量是当 $\theta \leqslant 5°$ 时的表面张力，这时渗透液具有较强的渗透能力。

2. 粘度

粘度是用来衡量液体流动时的阻力的物理量，它是流体分子间存在内摩擦而互相牵制的表现。渗透液的性能用运动粘度来表示，其单位是 cm^2/s 或斯（斯托克斯），用 St 表示，斯托克斯的 1% 为厘斯（cSt）。

从液体在毛细管中上升的高度公式来看，液体的粘度与液体在毛细管中的上升高度没有关系，因此，粘度对渗透液静态渗透性能没有影响，即不影响渗透液渗入缺陷的能力，但因粘度与流体的流动性有关，故对渗透液的渗透速率有较大的影响。水的粘度较低，在 20℃时为 1.004cSt，但水并不是一种好的渗透液体；煤油的粘度在 20℃时为 1.65cSt，它比水高，但煤油却是一种很好的渗透液体。

渗透液的渗透速率常用动态渗透参量（KP）来表征，它表示受检工件浸入渗透液所需的相对停留时间，动态渗透参量用下式表示：

$$KP = \frac{f_L \cos\theta}{\mu} \tag{2-2}$$

式中　KP——动态渗透参量；
　　　f_L——表面张力；
　　　θ——接触角；
　　　μ——粘度。

从上式可知，粘度对动态渗透参量的影响很大，粘度越高，动态渗透参量越小，渗透液渗入表面开口缺陷所需的时间就越长。

另一方面，粘度对截留在缺陷中的渗透液量（简称截留）有很大影响。所谓截留，就是指渗透液渗入缺陷后并保留在缺陷中的能力。它不但与静态渗透参量（SP）、缺陷状态（表面开口缺陷尺寸、形状、受污染的状况等）有关，而且与粘度有关，粘度越大，截留能力越好。

粘度对渗透液的运动性能有很大的影响，对渗透检测的影响主要有如下几个方面：

1）粘度高的液体不能很快地流遍工件的表面，渗进表面开口缺陷中去所需的时间较长；粘度低，则相反。

2）粘度高的液体截留能力好，渗透液能较好地停留在缺陷中，不易造成过清洗。而低粘度的渗透液涂覆工件表面并渗进表面开口的缺陷中后，在去除表面多余渗透液的操作中，容易被清洗出来，特别是浅而宽的缺陷中的渗透液更容易被洗掉。

3）粘度高的渗透液从被涂覆的工件表面上滴落下来的时间长，因而被拖带走的渗透液量大，渗透液的损耗大。

4）粘度高的后乳化型渗透液，由于拖带多而严重污染乳化剂，从而降低乳化剂的使用寿命，使检测费用增高。

因此，粘度是衡量渗透液性能的一项重要指标。渗透液的粘度太高或太低都不好。

3. 密度

密度是单位体积内所含物质的质量。从液体在毛细管中上升高度的公式来看，液体的密度越小，液体的上升高度越大，说明液体的渗透能力强。除水外，液体的密度与温度成反比，温度越高，密度值越小，渗透能力也随之增强。

由于渗透液中主要液体是煤油和其他有机溶剂，因此渗透液的密度一般小于 1。当使用密度小于 1 的溶剂去除型或后乳化型渗透液时，水进入渗透液中能沉于槽底，不会对渗透液造成污染；水洗时，也可漂浮于水面，容易溢流掉。

当水洗型渗透液被水污染时，由于乳化剂的作用，使水分散在渗透液中，因而使渗透液的密度增大，导致渗透能力下降。

4. 挥发性

挥发性可用液体的沸点或液体的蒸气压来表征。沸点越低，挥发性越强。易挥发的渗透液在滴落过程中易干在工件表面上，给水洗带来困难；也容易干在缺陷中而不易回渗到工件表面，严重时会导致难于形成的缺陷显示，使检测失败；另一方面，易挥发的渗透液在敞口槽中使用时，挥发损耗大；渗透液的挥发性越大，着火的危险性也越大，对于毒性材料，挥发性越大，所构成的安全威胁也越大。综上所述，渗透液应以不易挥发为好。

但是，渗透液也必须具有一定的挥发性，一般在不易挥发的渗透液中加进一定量的挥发性液体。这样，渗透液在工件表面滴落时，易挥发的成分挥发掉，使染料的浓度得以提高，有利于提高缺陷显示的着色强度或荧光强度；另一方面，渗透液从缺陷中渗出时，易挥发的成分挥发掉，从而限制了渗透液在缺陷处的扩散面积，使缺陷痕迹显示轮廓清晰；此外，渗透液中加进易挥发的成分以后，还可以降低渗透液的粘度，提高渗透速度。上述均有利于缺陷的检出，提高检测灵敏度。

5. 闪点和燃点

可燃性液体在温度上升过程中，液面上方挥发出大量可燃性蒸气与空气混合，当接触火焰时，会出现闪火现象。闪点就是液体在加温过程中刚刚出现闪光现象时的液体的最低温度。燃点和闪点是两个不同的物理量，燃点高于闪点。燃点是液体加温到能持续燃烧时的最低温度。闪点低的液体，其燃点也低，引起着火的危险性也越大。从安全方面考虑，渗透液的闪点愈高，则愈安全。

按不同的闪点测量方式，闪点可分为开口闪点和闭口闪点。开口闪点是用开杯法测出，它是将试样盛于开口油杯中试验。闭口闪点是用闭杯法测出，它是将试样置于带盖的油杯中，盖上有一可开闭的窗孔，加热过程中，窗孔关闭，测试闪点时，窗孔打开。

闭口法的测定重复性比开口法好，且测得的数值偏低，故渗透检测中，常采用闭口闪点。美匡宇航标准 AMS2644 中规定：散装渗透液和方法 B 乳化剂，按 ASTM D93（国内同类标准 GB 261 《石油产品闪点测定法（闭口杯法）》测试时，其闪点不应低于 93℃。

对水洗型渗透液，原则上要求闭口闪点应大于 50℃；而对后乳化型渗透液，闭口闪点一般为 60～70℃。

有些压力喷罐的渗透液具有较低的闪点，使用时应特别注意避免接触烟火，室内操作时，应具有良好的通风条件。

6. 稳定性

渗透液的稳定性是指渗透液对光、热和温度的耐受能力，即渗透液在长期储存或使用时，在光、热和温度的影响下不发生变质、分解、混浊、沉降等现象。

渗透液的稳定性是相当重要的。荧光渗透液对黑光的稳定性可用照射前的荧光亮度值与照射后的荧光亮度值的百分比来表示。荧光渗透液在 $1000\mu W/cm^2$ 的黑光下照射 1h，稳定性应在 85% 以上，着色液在强白光照射下不应褪色。

7. 化学惰性

化学惰性是衡量渗透液对盛放的容器和被检工件腐蚀性能的指标，要求渗透液对盛装容器和被检工件尽可能是惰性的或不腐蚀的。在大多数情况下，油基渗透液能符合这一要求。然而水洗型渗透液中含有的乳化剂可能是弱碱性的。如果渗透液被水污染后，水与乳化剂结合而形成弱碱性的溶液并保留在渗透液中，这时渗透液将会对铝、镁等合金工件产生腐蚀作用，还可能与盛装容器上的涂料或其他保护层起反应。

渗透液中硫、钠等微量元素的存在，在高温下会对镍基合金的工件产生热腐蚀（也称热脆），使工件遭到破坏。渗透液中的卤族元素如氟、氯等很容易与钛合金及奥氏体钢产生化学反应，在应力存在的情况下易产生应力腐蚀裂纹。对盛装液氧的装置，渗透液应不与液氧起反应，油基或类似的渗透液不能满足这一要求，需使用特殊的渗透液。用来检验橡胶、塑料等工件的渗透液也应不与其反应，也应采用特殊配制的渗透液。

国内外的一些标准（如 JB4730，ASME 等）规定，渗透液中硫和卤素残余量（质量分数）不得超过 1%。美国原子能委员会规定，硫或卤素含量（质量分数）不得超过 0.5%。

8. 溶剂溶解性

渗透液是一种溶液。所谓溶液，是指一种物质均匀地分散于另一种物质中而形成均匀的物质，溶液可以是液态、气态或固态（如合金）。通常把被均匀地分散的物质称为溶质，而把溶解溶质的物质称为溶剂，在一定的温度和压力下，溶质在一定量的溶剂中所能溶解的最大量称为该溶剂的溶解度，一般用 100g 溶剂里所能溶解的溶质的克数来表示。

渗透液中的溶剂对溶解度的性能要求主要涉及两方面：

其一是渗透液的溶剂溶解性，是指渗透液被清洗的溶剂溶解的能力。它是衡量渗透液清洗性能的重要指标，如果溶剂溶解性差，则很难清洗掉工件表面多余的渗透液，造成不良的背景，影响检查的效果，故要求渗透液应具有良好的溶剂溶解性。

溶剂溶解性与所选用的清洗溶剂的种类有关。例如水洗型渗透液和后乳化型渗透液在规定的水温、压力、时间等条件下，可被水溶解而冲洗掉，达到不残留明显的荧光背景或着色背景；溶剂去除型渗透液不能用水冲洗，只能用有机溶剂擦拭去除；这主要是

这种渗透液不溶于水而溶于有机溶剂。

其二是渗透液中的溶剂对染料的溶解度，渗透液是将染料溶解到渗透溶剂中而配成的。染料在渗透溶剂中的溶解度高，就可以得到高浓度的渗透液，因而可以提高渗透液的发光强度或着色强度，提高检验灵敏度。

9.　含水量和容水量

渗透液的含水量是指渗透液中水分的含量与渗透液总量之比的百分数。渗透液的容水量是指渗透液出现分离、混浊、凝胶或灵敏度下降等现象时的渗透液含水量的极限值，这一含水量的极限值称为渗透液的容水量。它是衡量渗透液抗水污染能力的指标。

渗透液含水量越小越好。渗透液的容水量指标越高，抗水污染的性能越好。

10.　毒性

渗透液应是无毒（低毒）的，有毒、腐蚀性大或有异臭的材料不允许用来配制渗透液。

目前，所生产的大部分渗透液是安全的，对人体健康并无严重的影响。尽管如此，操作者仍应避免自己的皮肤长时间地接触渗透液，也应避免吸进渗透液的蒸气。

11.　其他

对某些特殊用途的渗透液，还有其他的性能要求，例如，对静电喷涂渗透液，由于喷枪提供负电荷给渗透液（负极），被检工件保持零位（正极），故要求渗透液有较高电阻，避免产生逆弧传给操作者。对其他的几种特殊性能，这里不一一陈述。

应当指出：任何一种渗透液，不可能具备一切优良的物理化学性能，也不能仅用某一项性能来评价渗透液的优劣。

2.1.3　渗透液的主要组分

渗透液是由多种特性材料配制而成的，其主要组分是染料、溶剂和表面活性剂，此外，还有其他多种用于改善渗透液性能的附加成分。在实际的渗透液配方中，一种化学试剂往往同时起几种作用；例如，溶剂一方面用来溶解染料，另一方面本身也作为渗透溶剂。

1.　染料

在渗透检测中，常用的染料有着色染料和荧光染料两类。

（1）着色染料　着色渗透液中所采用的染料为暗红色的染料，因为暗红色与显像剂所形成的白色背景有较高的对比度。着色渗透液中的染料应能满足色泽鲜艳、对比度高，易清洗、易溶于合适的溶剂、对光和热的稳定性好，不褪色，对工件不腐蚀、对人体无毒性等要求。

染料有油溶型、醇溶型及油醇混合型三类，着色渗透液中多采用油溶型偶氮染料。常用的着色染料有苏丹红、刚果红、烛红、油溶红、丙基红等。其中以苏丹 IV 红使用最广，其化学名称为偶氮苯。偶氮-β 萘酚为醇溶性染料，它溶于酒精、煤油、润滑油中呈暗红色。

（2）荧光染料　荧光染料是荧光渗透液的关键物质之一。要求荧光染料具有发光强、色泽鲜艳、与背景形成较高对比度，有良好的稳定性，耐热、不受光线影响，易溶解、易清洗、杂质少、无腐蚀、无毒害等。

荧光染料的种类很多，在黑光的照射下从发蓝光到发红色荧光的染料均有，荧光渗

透液应选择在黑光的照射下发出黄绿色荧光的染料,这是因为人眼对黄绿色荧光最敏感,从而可以提高检测灵敏度。我国常用的荧光染料有芘类化合物 YJP-1、YJP-15,萘酰亚胺化合物 YJN-42、YJN-68,香豆素化合物 MDAC。其中以芘类化合物的荧光强度较高,色泽鲜明,稳定性好。

荧光染料的荧光强度和荧光波长不但与染料的种类有关,还与所使用的溶剂及其浓度有关。例如 YJP-15 在氯仿中发出黄绿色荧光,在石油醚中却呈绿色,且前者的荧光强度比后者强,这就说明:选择合适的溶剂也能增强荧光强度。试验证明,荧光强度随浓度的增加而增加,但浓度增加到某一限值时,浓度再增加,荧光强度不再继续增强,甚至还出现减弱的现象。这说明仅靠提高浓度来提高荧光强度的做法受到一定的限制。

"串激"也是一种可以增强荧光强度的方法,即在荧光渗透液中加入两种或两种以上的荧光染料,组成激活系统,起到"串激"的作用。所谓"串激",就是一种荧光染料受紫外线照射后发出的荧光波长正好与另一种荧光染料的吸收光谱的波长相一致,从而被吸收而激发出荧光。如在荧光渗透液中同时加入 MDAC 和 YJN-68 两种荧光染料,在紫外线照射下,MDAC 吸收紫外线,发出 425～440nm 的蓝色光,恰好与 YJN-68 的吸收光谱 430nm 相重合,故被 YJN-68 所吸收,并发出 510nm 的绿色荧光,由于串激发光,而使得 YJN-68 在紫外线照射下,能发出明亮的黄绿色荧光。由此可知,"串激"并非两种染料荧光谱的简单叠加,而是一种荧光染料增强另一种荧光染料的荧光强度。

2. 溶剂

渗透溶剂的主要作用是将染料带进缺陷并被显像剂吸附出来,而起到这一作用的就是溶剂,可见溶剂有两个主要作用:一是溶解染料,二是起渗透作用。因此要求渗透液中的溶剂应具有渗透力强、对染料的溶解度要大、挥发性要适中、毒性小、对被检工件无腐蚀且经济易得等。

选择合适的溶剂是非常重要的,为使溶剂对染料有较大的溶解度,可根据化学结构"相似相溶"的原则,应尽量选择溶剂的分子结构与染料的分子结构相似的溶剂,但"相似相溶"仅是经验法则,有一定的局限性,有一些物质,结构虽相似,如氯乙烷与聚氯乙稀,却并不相溶。因此,在实际应用中,应以试验加以验证。

左多数情况下,渗透液中的溶剂几乎都不是单一的,而是几种溶剂的组合,使各成分的特性达到平衡。溶剂大致可以分为基本溶剂和起稀释作用的溶剂两大类,基本溶剂必须能充分溶解染料,稀释剂除应具备能适当调节粘度与流动性的目的外,还应起降低材料费用的作用。

3. 附加成分

渗透液中的附加成分有表面活性剂、互溶剂、稳定剂、增光剂、乳化剂、抑制剂、中和剂等。表面活性剂用于降低表面张力,增强润湿作用。渗透液中,因仅使用一种表面活性剂往往得不到良好的效果,故常选择两种以上的表面活性剂组合使用。助溶剂用于促进染料的溶解,这是因为渗透能力强的溶剂对染料在其中的溶解度不一定高或者染料在其中不一定能得到理想的颜色或荧光强度,故常常采用一种中间溶剂来溶解染料,然后再与渗透性能好的溶剂互溶,从而得到较为理想的渗透液。这种中间溶剂称为互溶剂。稳定剂的作用是保持渗透液的稳定,防止染料在溶剂中因温度变化而从溶液中析出。

增光剂用于增强着色渗透液的色泽或荧光渗透液的光泽，提高对比度，如变压器油、航空润滑油等。乳化剂常用于水洗型渗透液中，使其能用水清洗，乳化剂还能促进染料的溶解，起增溶的作用。抑制剂用于抑制挥发，如糊精、胶棉液等。中和剂用于中和渗透液的酸碱性，使 pH 值呈中性。这里需要指出的是：以上附加成分是对各种渗透液而言，并非每一种渗透液都必须含以上成分。

　　例如，煤油是一种最常用的溶剂。它具有表面张力小，润湿能力强等优点，但它对染料的溶解度小，常加入邻苯二甲酸二丁酯，它不仅能提高对染料的溶解度，又可在较低温度下，使染料不致沉淀出来，此外还可调节渗透液的粘度和闪点，减少溶剂的挥发，使渗透液具有良好性能。

　　常用的部分溶剂的物理常数如表 2-1。

表 2-1　某些有机溶剂的物理常数

化学物名称	密　度 /（g/cm³）	表面张力系数 /（10⁵N/cm）	粘　度 /cSt	闪　点 /℃
水	0.9992	72.8	1.004	
乙醇	0.789	23	1.521	57
乙二醇	1.115	47.7	17.85	232
乙醚	0.736	17.01	0.3161	49
丙酮	0.70	23.7	0.3218	0
甲乙酮	0.8007	27.9	0.542	
乙二醇单丁醚	0.904			165
苯	0.876	28.87	0.5996	0.5996
二甲苯	0.880	30.03		
萘	0.665	21.8	0.61	30
四氯乙稀	1.5953	35.6	0.988	
煤油	0.84	23	1.65	40
L-AN7全损耗系统用油	0.89		4.0～6.1	110
邻苯二甲酸二丁酯	1.048			315
N-乙烯基吡咯酮	1.04		1.65	95.5

2.1.4　渗透液的种类

1. 着色渗透液

　　这种渗透液中所含的染料是着色染料，检测时在日光或灯光下观察。常见的着色液又分为水洗型、后乳化型和溶剂去除型三种

　　（1）水洗型着色渗透液　水洗型着色渗透液可分为水基型和自乳化型两种：

　　1）水基型着色渗透液：水基型渗透液是以水作为渗透溶剂，在水中溶解染料的一种渗透液，可直接用水清洗，这种渗透液价格便宜，易清洗、安全、无毒、不可燃、不污染环境、使用安全等诸多优点而受到人们越来越多的关注。水的渗透能力是较差的，但如果在水中加进适量的表面活性剂以降低水的表面张力，增加水对固体的润湿能力，水是可以变成一种好的渗透溶剂的，尽管如此，水仍达不到油基或醇基渗透溶剂那样好的渗透能力，故灵敏度低，它适应于那些对检测灵敏度要求不高的工件，以及某些同油类接触容易引起爆炸的部件，如盛装液氧的容器，可采用水基型渗透液进行检验。塑料、橡胶等制成的部件或与油基、醇基等渗透液可能发生化学反应而破坏的部件，也可以采

用这种渗透液。其典型配方见表 2-2。

表 2-2 水基着色渗透液配方

配　　方	刚果红	水	KOH	表面活性剂
比　　例	2.4g/100ml	100ml	0.6g/100ml	2.4g/100ml
作　　用	染料（酸性）	溶剂	中和剂	润湿

注：染料刚果红可溶于热水，且具有酸性，故用氢氧化钾中和

2）自乳化型着色渗透液：自乳化型着色渗透液由油基溶剂、互溶剂、红色染料、乳化剂等组成。

这种渗透液的渗透能力强，灵敏度比水基着色渗透液高，成本低，由于其自身含有乳化剂，在乳化剂的作用下，渗透液可以直接用水冲洗，故也称为水洗型着色渗透液。渗透液中乳化剂的含量越高，越容易清洗，但检测灵敏度也越低；乳化剂含量少，则清洗困难，但灵敏度较高。渗透液中的乳化剂不但可使渗透液便于去除，还可促进染料溶解，起增溶作用。

但由于这类渗透液含有乳化剂，所以具有一定的亲水性，容易吸收水分（包括空气中的水分），当渗透液吸收的水分达到一定数量时，渗透液会产生混浊，沉淀等被水污染的现象。

为提高自乳化型渗透液的抗水污染能力，可适当增加亲油性乳化剂的含量，降低渗透液的亲水性。此外，可采用非离子型乳化剂，利用非离子型乳化剂的凝胶现象，使渗透液本身具有一定的抗水能力。即使如此，也应避免水分侵入渗透液中，以免粘度增大，渗透液的性能降低而使检测灵敏度下降。

自乳化型着色渗透液的检测灵敏度较低，但这种渗透液较易清洗，故适于表面粗糙工件的检测。

渗透液中的染料浓度高，可得到较高的着色强度，但在低温时，染料析出的可能性也较大，清洗也较困难。

自乳化型着色液的典型配方见表 2-3。

表 2-3 自乳化型着色液的典型配方

配　　方	比　　例	作　　用
油基红	1.2g/100ml	染料
二甲基萘	15%	溶剂
α-甲基萘	20%	溶剂
200号溶剂汽油	52%	渗透溶剂
萘	1g/100ml	助溶剂
吐温-60	5%	乳化剂
三乙醇胺油酸皂	8%	乳化剂

注：1. 吐温-60为亲水性较强的乳化剂，能产生凝胶现象，汽油及二甲基萘有增加凝胶现象的作用。

2. 表中百分数均为质量分数。

（2）后乳化型着色渗透液　后乳化型着色渗透液由油基渗透溶剂、互溶剂、染料、增光剂、润湿剂等组成。

这类渗透液自身不含乳化剂，所以不能直接用水清洗，必须经过乳化工序后才能用水清洗。不适用于表面粗糙、有盲孔或带螺纹的工件检测。这类渗透液所含的互溶剂比例较大，目的在于溶解更多的染料。润湿剂能增大渗透液对于固体表面的润湿。该类渗透液的特点是渗透能力强，且缺陷中渗透液不易被水洗去的能力也比水洗型渗透液高，故有较高的灵敏度。水进入渗透液槽中，能沉于底部，故抗水污染的能力强。

后乳化型着色渗透液是实际检测中应用较广的一种，由于它的检测灵敏度高，故适于检查浅而细微的表面缺陷。后乳化型着色渗透液的典型配方见表 2-4。这种配方特点是灵敏度高，毒性低，但乙酸乙酯有难闻的刺激性气味。

表 2-4　后乳化型着色液的典型配方

配　　方	比　　例	作　　用
苏丹红 I V	0.8g/100ml	染料
乙酸乙酯	5%	渗透溶剂
航空煤油	60%	溶剂、渗透溶剂
松节油	5%	溶剂、渗透溶剂
变压器油	20%	增光剂
丁酸丁酯	10%	助溶剂

注：表中百分数均指质量分数。

（3）溶剂去除型着色渗透液　溶剂去除型着色渗透液的主要成分与后乳化型着色渗透液相类似，故后乳化型渗透液常常可以直接作为溶剂去除型渗透液使用。它是由红色染料、油性溶剂、互溶剂、润湿剂等组成。这种渗透液的渗透能力强，用丙酮等有机溶剂直接擦洗去除，检测时常与溶剂悬浮式显像剂配合使用，可得到与荧光法相似的灵敏度。

溶剂去除型着色渗透液应用最广，且多装在压力喷罐中使用，与去除剂、显像剂配套出售。适用于大型工件的局部检测和无电无水的野外作业，但成本较高，效率较低。在材料选择上，由于使用喷罐，故通常采用低粘度且易挥发的溶剂作为渗透溶剂，使其有较快的渗透速度，对闪点和挥发性的要求也不象在开口槽中使用的渗透液那样严格。典型配方见表 2-5（供参考），这种配方成分较少，灵敏度较高，但有一定毒性。

表 2-5　溶剂清洗型着色渗透液典型配方

配　　方	比　　例	作　　用
苏丹红 I V	1g/100ml	染料
萘	20%	溶剂
煤油	80%	渗透溶剂

注：表中百分数均指质量分数。

总体上，着色渗透液的灵敏度较低，不适于检测临界疲劳裂纹、应力腐蚀裂纹或晶间腐蚀裂纹。试验表明：着色渗透液能渗透到细微裂纹中去，但要形成同荧光渗透液所能得到的显示，则所需的着色渗透液的容积要比荧光渗透液大得多。

2．荧光渗透液

这种渗透液的染料是荧光染料，检测时在黑光灯下观察。常用的荧光渗透液有水洗

型、后乳化型和溶剂去除型三种。

（1）水洗型荧光渗透液　水洗型荧光渗透液可分为水基型和自乳化型两种。

1）水基型荧光渗透液：这种渗透液的基本成分是荧光染料和水，它的特点及适用范围与水基型着色渗透液基本相同，但灵敏度高于水基型着色渗透液。常用的配方是：增白洗衣粉（荧光染料）＋100%水（溶剂、渗透剂）。这种配方毒性低，成本低，易清洗，易配制，但灵敏度不高。

2）自乳化型荧光渗透液：这种渗透液的基本成分是荧光染料、油性溶剂、渗透溶剂、乳化剂等。其特点是渗透能力强，由于自身含有乳化剂，故可直接用水冲洗，成本较低，灵敏度高于水基型荧光渗透液。这类渗透液的配方较为复杂，不同类型不同牌号的配方各不相同。表 2-6 列出一种配方，仅供参考。该配方灵敏度高，化学稳定性较好，毒性低，对工件无腐蚀。

表 2-6　自乳化型荧光液的典型配方

配　　方	比　　例	作　　用
10#变压器油	66%	渗透溶剂
邻苯二甲酸二丁酯	17%	溶剂
三乙醇胺油酸皂	2%	乳化剂
MOA-3	9%	乳化剂
6502	6%	乳化剂
YJP-43	0.2g/100ml	荧光染料

注：表中百分数均指质量分数。

自乳化型荧光渗透液的检测灵敏度比自乳化型着色渗透液高。根据检测灵敏度的高低和从工件表面上去除多余渗透液的难易程度，通常将自乳化型荧光渗透液分为 1/2 低灵敏度、低灵敏度、中等灵敏度、高灵敏度和超高灵敏度五种类别。

低灵敏度自乳化型荧光渗透液：该类渗透液易于从粗糙表面上去除，主要用于轻合金铸件的检验。这种渗透液的典型牌号有：ZY11、Ardrox-970P22、Magneflux-ZL19 和MARKTEC-P110A 等。

中等灵敏度自乳化型荧光渗透液：该类渗透液较难从粗糙表面去除，主要用于焊接件、精密铸钢件、精密铸铝件、轻合金铸件及机加工表面的检查。此类渗透液的典型牌号有：ZY21、Ardrox-970P23、Magneflux-ZL60D 和 MARKTEC-P122 等。

高灵敏度自乳化型荧光渗透液：该类渗透液难于从粗糙的表面上去除，要求有良好的机加工表面，主要用于精密铸造涡轮叶片之类的关键工件的检验。此类渗透液的典型牌号有：ZY31、Magneflux-ZL67、Ardrox-970P25 和 MARKTEC-P130 等。

水洗型荧光渗透液还有 1/2 低灵敏度和超高灵敏度两种灵敏度等级。属于 1/2 低灵敏度的荧光渗透液有：Magneflux-ZL5B、Ardrox-970P21 和 MARKTEC-P100 等。属于超高灵敏度的荧光渗透液有：ZY41、Magneflux-ZL56、Ardrox-970P26E 和 MARKTEC-P141D 等。

（2）后乳化型荧光渗透液　该渗透液的基本成分为荧光染料、油性溶剂、渗透溶剂、

互溶剂、润湿剂等。由于这种渗透液本身不含乳化剂，需经乳化工序后才能用水冲洗，缺陷中的渗透液不易被水清洗掉，它所含互溶剂的比例比自乳化型荧光渗透液高，目的在于溶解更多的染料。渗透液的密度比水小，水进入槽液后会沉到底部，故抗水污染的能力强，也不易受酸或碱的影响，这种渗透液灵敏度高，特别适于检查浅而细微的表面缺陷，适用于要求较高的工件检测，要求被检工件表面光洁、无盲孔和螺纹等。其典型配方见表2-7，该配方的特点是灵敏度较高，化学稳定性好，毒性低，对工件无腐蚀。

表 2-7　后乳化型荧光渗透液的典型配方

配　　方	比　　例	作　　用
灯用煤油或L-AN7全损耗系统用油	25%	渗透溶剂
邻苯二甲酸二丁酯	65%	互溶剂
LPE-305	10%	润湿剂
PEB	2g/100ml	增白剂
YJP15	0.45g/100ml	荧光染料

注：表中百分数均指质量分数。

后乳化型荧光渗透液分为亲水和亲油两大类。按其灵敏度等级分为低灵敏度、标准（中）灵敏度、高灵敏度和超高灵敏度四种。

1）亲水性后乳化型荧光渗透液。标准灵敏度后乳化型荧光渗透液适用于各种变形材料的机加工零件，其典型牌号有：HY21、Magneflux-ZL2C、Ardrox-985P12 和 MARKTEC-P220 等。

高灵敏度后乳化型荧光渗透液适用于检测灵敏度要求较高的各种变形材料的机加工零件，其典型牌号有：HY31、Magneflux-ZL27A、Ardrox-985P13 和 MARKTEC-P230 等。

超高灵敏度后乳化型荧光渗透液仅在特殊情况下使用，如航空发动机上的涡轮盘、轴等关键零部件的成品检测，其典型牌号有 HY41、Magneflux-ZL37、Ardrox-985P14 和 MARKTEC-P240 等。

该类渗透液还有低灵敏度等级，例如 Ardrox-985P11 和 MARKTEC-P210 等。

亲水性后乳化型荧光渗透液的典型配方见表 2-7，该配方的特点是灵敏度较高，化学稳定性好，毒性低，对工件无腐蚀。

2）亲油性后乳化型荧光渗透液　亲油性后乳化型荧光渗透液与亲水性后乳化型荧光渗透液可以通用，仅在去除时使用的乳化剂不同而已。前者使用亲油性乳化剂，后者使用亲水性乳化剂。例如美国磁通公司各种灵敏度等级的亲油性与亲水性后乳化型荧光渗透液的型号是相同的，区别仅在前者使用 ZE-4B 型亲油性乳化剂，后者使用 ZR-10B 亲水性乳化剂（质量分数为 20%）；英国阿觉克斯公司也一样，前者使用 9PR3 型亲油性乳化剂，后者使用 9PR12 型亲水性乳化剂（质量分数为 10%）；还有日本美柯达公司，前者使用 E400 型亲油性乳化剂，后者使用 R500 型亲水性乳化剂（质量分数为 30%）。

（3）溶剂去除型荧光渗透液　溶剂去除型荧光渗透液的配方与后乳化型荧光渗透液相类似，后乳化型荧光渗透液常常可以直接作为溶剂去除型荧光渗透液使用。此类渗透

液直接用溶剂擦拭去除，灵敏度较高，可用于无水的地方检测，典型配方见表 2-8，这种配方的特点是灵敏度较高，毒性低，配制方便，稳定性较好。

表 2-8　溶剂去除型荧光渗透液的典型配方

配　方	比　例	作　用
YJP-1	0.25g/100ml	荧光染料
煤油	85%	溶剂，渗透溶剂
航空滑油	15%	增光剂

注：表中百分数均指质量分数。

溶剂去除型荧光渗透液分低、中、高和超高四种灵敏度等级。所有同等级的水洗型荧光渗透液和后乳化型荧光渗透液均可作为同等级灵敏度的溶剂去除型荧光渗透液使用。仅在去除工件表面多余渗透液时，需要用溶剂去除。

3. 其他渗透液

（1）着色荧光渗透液　着色荧光渗透液是一种既可以在白光下检验又可在黑光下检验的特殊渗透液。它在白光下呈鲜艳的暗红色，而在黑光灯照射下发出明亮的荧光。所以，这种渗透液在白光下具有着色检测的灵敏度，而在黑光灯下检测则具有荧光检验的灵敏度，也就是一种渗透液同时完成两种灵敏度的检测，故又称为双重灵敏度的渗透液。

应当指出：这类渗透液是将一种特殊的染料溶解在渗透溶剂中，这种染料在日光下呈暗红色，而在黑光的照射下又能发出荧光。它决不是将着色染料和荧光染料同时溶解到渗透溶剂中配制而成的。由于分子结构上的原因，着色染料若与荧光染料混到一起，将会猝灭荧光染料所发出的荧光。

（2）化学反应型渗透液　该类渗透液是将无色或淡黄色的染料溶解在无色的溶剂中，形成一种无色或淡黄色的渗透液。这种渗透液在与配套的无色显像剂接触时会发生化学反应，产生鲜艳的颜色，在紫外灯照射下发出明亮的荧光，从而形成清晰的缺陷显示，因而这种渗透液也是一种着色荧光两用液，也称双重灵敏度的渗透液，如日本的"拓色涂"渗透液。

这类渗透液缺陷显示清晰，具有不污染操作者的衣服及皮肤的优点，也不会污染零件和工作场地，冲洗出的废水也是无色的，避免了颜色污染等问题。

（3）高温下使用的渗透液　对高温零件进行检测时，涂覆在零件上的荧光渗透液中的染料很快地遭到破坏，荧光猝灭。因此，通常的荧光渗透液不能用于高温零件的检测。高温下使用的渗透液，应能在短时间内与高温零件接触而不破坏，用这种渗透液进行检测时，检测速度应尽量快，要在染料未完全破坏前完成检测。

（4）过滤性微粒渗透液　这是一种比较适于检查粉末冶金零件、石墨制品、陶土制品等材料的渗透液。这种渗透液是一种悬浮液，是将粒度大于裂纹宽度的染料悬浮在溶剂中而配制成的。当渗透液流进裂纹时，染料微粒不能流进裂纹，微粒就会聚集在开口的裂纹处，这些留在表面的微粒沉积，就可以提供裂纹显示。根据实际需要，这种微粒可以是着色染料，也可以是荧光染料。这种过滤性渗透液显示缺陷的状态如图 2-1 所示。

这种渗透液中的微粒大小和形状必须恰当，如微粒过细，则这些微粒虽然随着渗透

液的流动而聚积到缺陷的位置，但又会很快地渗入缺陷的内部，这样就会减少聚积到缺陷上部的微粒的数量，从而降低灵敏度。如微粒大，则其流动性差，甚至不能随渗透液流动，因此难于形成缺陷显示。微粒的形态最好是球形，使其具有较好的流动性。微粒的颜色应选择与被检件表面颜色反差大的那一种，以提高灵敏度。

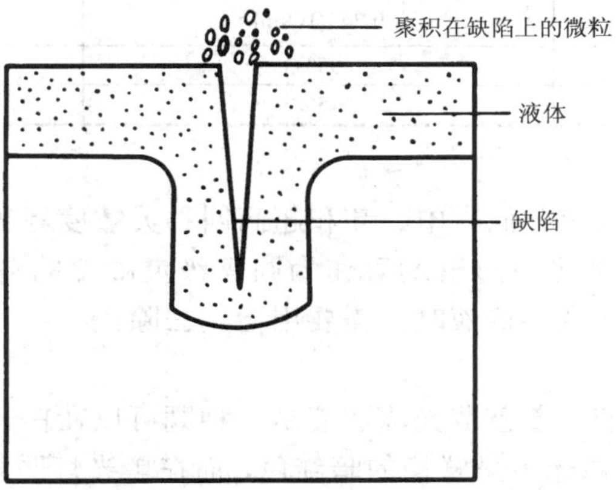

图2-1　过滤性微粒渗透液显示缺陷示意图

　　渗透液中悬浮微粒的液体，必须能充分润湿被检工件的表面，以使微粒能自由地流动到缺陷上，从而显示出缺陷。这种液体的挥发性不能太大，否则微粒在流动中就会被干燥在工件表面上，挥发性也不能太小，否则流动性太差，会使渗透液长时间残留在表面上。

　　使用这种渗透液之前应充分搅拌，待微粒均匀后方可使用，施加渗透液时，最好用喷枪喷涂，不允许使用刷涂，因为刷涂会防碍渗透液的流动，产生伪缺陷显示。使用这种渗透液，不须显像剂。

2.2　去除剂

2.2.1　渗透检测中的去除剂

　　渗透检测中，用来除去被检工件表面多余渗透液的溶剂称为去除剂。

　　对水洗型渗透液，直接用水去除，水就是一种去除剂。

　　后乳化型渗透液是在乳化以后再用水去除，它的去除剂就是乳化剂和水。

　　溶剂去除型渗透液采用有机溶剂去除，这些有机溶剂也是去除剂。常采用的去除剂有煤油、酒精、丙酮、三氯乙稀等。

　　所选择的去除剂应对渗透液中的染料（红色染料或荧光染料）有较大的溶解度。对渗透溶剂有良好的互溶性，且不与渗透液起化学反应，不应猝灭荧光染料的荧光。

2.2.2　乳化剂

　　1. 乳化剂的作用及组成

　　乳化剂是去除剂中的重要材料，渗透检测中的乳化剂用于乳化不溶于水的渗透液，使其便于用水清洗。自乳化型渗透液自身含有乳化剂，可直接用水清洗，后乳化型渗透

液自身不含乳化剂，需要经过专门的乳化工序以后，才能用水清洗。

乳化剂是由表面活性剂和添加溶剂组成的，主体是表面活性剂，而添加溶剂的作用是调节粘度，调整与渗透液的配比，降低材料费用等。

2．乳化剂的综合性能要求

1）乳化效果好，便于清洗；

2）抗污染能力强，特别是受少量水或渗透液的污染时，不降低其乳化性能；

3）粘度和浓度适中，使乳化时间合理，不致造成乳化操作困难；

4）稳定性好，在贮存或保管中，不受热和温度的影响；

5）具备良好的化学惰性，对被检工件或盛装的容器不产生腐蚀，不变色；

6）对人体无害，无毒及无不良气味；

7）因乳化剂一般在开口槽中使用，故要求乳化剂的闪点高，挥发性低；

8）颜色与渗透液有明显区别；

9）凝胶作用强；

10）废液及污水的处理简便。

3．乳化剂的选择

由于乳化的目的是将渗透液清洗掉，故所选择的乳化剂应具有良好的洗涤作用，选择时，一般可遵循下述原则：

（1）根据 H.L.B 值选择乳化剂　应根据乳化对象（如后乳化型渗透液种类）、乳化液类型选择适当的乳化剂，其依据是应选择和被乳化物有相近 H.L.B 值的乳化剂。表面活性剂的 H.L.B 值可以通过查阅有关专门文献或通过试验测定获得。对于复合乳化剂，其 H.L.B 值可通过计算获得。

（2）H.L.B 值和其他方法相结合选择乳化剂　虽然常用 H.L.B 值作为选择乳化剂的依据，但在实际应用中，因乳化剂和被乳化物的化学结构及两者之间关系等诸因素的影响，仅靠 H.L.B 值还难以得到满意的效果，故还必须把它和其他因素结合起来考虑才能取得较好的效果。例如，应同时考虑下列因素：

1）乳化剂的离子型。乳化粒子和乳化剂带相同电荷时，相互排斥，会使乳液稳定。

2）采用疏水基和被乳化物结构相似的乳化剂。根据"相似相溶"的经验法则，当后乳化型渗透液与乳化剂的亲油基化学结构相似时，乳化效果好。故所选择的乳化剂的亲油基要与渗透液中的油基和染料的化学结构相似，使其具有良好的互溶性，以期得到较好的乳化效果。

（3）PIT 法选择乳化剂　用 H.L.B 值选择乳化剂是粗略的，因为它没有考虑油和水溶液的性能、乳化剂浓度和温度变化等因素的影响。例如，渗透检测中广泛使用的非离子型表面活性剂，由于温度上升，降低了表面活性剂的亲水性，当浊点现象达到极端时，其性质也随着发生变化，如一表面活性剂在较低温度时可制成 O/W 型乳化液，但当温度升高时可能变为 W/O 型，即发生了"转相"。考虑到 H.L.B 值的不足，日本筱田耕三提出相转变温度法（PIT 法），即利用相转变温度选择乳化剂的方法。相转变温度可以认为是乳化剂亲水亲油性质刚好平衡时的温度，是衡量乳状液稳定性的一种有用方法。

此外，选择乳化剂时，还应考虑乳化剂的抗污染能力（如水渗透液等污染）、稳定性、

对工件无腐蚀、无毒、无不良气味、废液易处理等。

4. 渗透检测中的常用乳化剂

（1）亲水性乳化剂　H.L.B 值在 8～18 的乳化剂称为亲水性乳化剂。乳化型式是水包油型，它能将油分散在水中。这种乳化剂的粘度一般比较高，通常以浓缩状态供应，使用时需用水稀释。稀释后的乳化剂含量越高，乳化能力越强，乳化速度快，但乳化时间难以控制；同时，含量大，乳化时拖带损耗也大；但如稀释后的乳化剂浓度太低时，乳化剂的乳化能力弱，乳化速度慢，因而需要乳化的时间长，乳化剂有足够的时间渗入表面开口的缺陷中去，使缺陷中的渗透液也变得可以用水洗掉，从而达不到后乳化渗透检验所应有的高灵敏度，另一方面，乳化剂的含量太低，受水和渗透液污染而变质的速度快，因而更换乳化剂的频次高，易造成浪费；因此，需要根据被检工件的大小、数量、表面粗糙度等情况，通过试验选择最佳浓度，或按乳化剂制造厂推荐的含量使用。通常厂家推荐的质量分数为 5%～20%。

亲水性乳化剂的作用过程见图2-2。

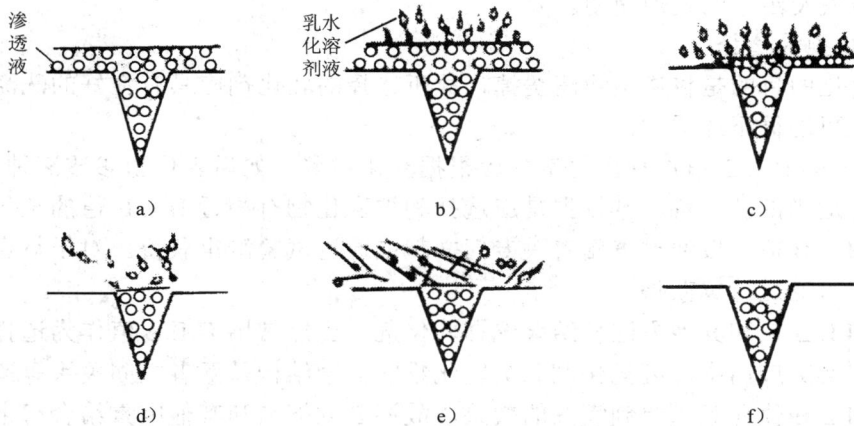

图2-2　亲水性乳化剂的作用过程示意图

a）渗透　b）浸没在乳化剂水溶液中　c）开始扩散和乳化　d）搅拌和乳化　e）淋洗　f）清洁的表面

（2）亲油性乳化剂　H.L.B 值在 3.5～6 的乳化剂称为亲油性乳化剂。乳化形式是油包水型，它能将水分散在油中。亲油性乳化剂通常按供应状态使用，不需加水稀释。通常分为快作用型和慢作用型，作用的快慢与乳化剂的化学成分和粘度有关。若乳化剂粘度大，则扩散到渗透液中去的速度慢，容易控制乳化，但乳化剂拖带损耗大。粘度低的乳化剂，乳化速度快，需注意控制乳化时间。相对而言，粘度低的乳化剂拖带损耗小。

亲油性乳化剂应能与后乳化型渗透液产生足够的相互作用，而起一种溶剂的作用，使工件表面多余渗透液能被去除。

亲油性乳化剂对水及对渗透液的容许量也是乳化剂的基本要求。亲油性乳化剂应允许添加质量分数为 5%的水，应允许混入质量分数为 20%的渗透液，且仍应象新的乳化剂一样，能有效地被水清洗掉，达到所要求的渗透检测灵敏度。

亲油性乳化剂的作用过程见图 2-3。

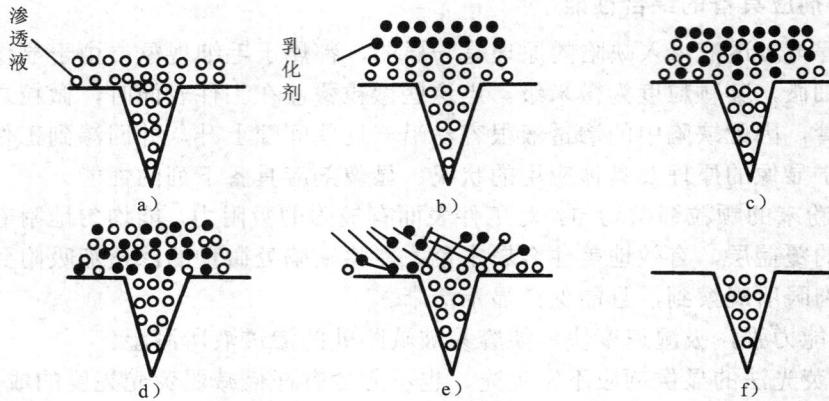

图2-3　亲油性乳化剂的作用过程示意图
a）渗透　b）加乳化剂　c）开始扩散和乳化　d）扩散过程　e）淋洗　f）清洁的表面

在一般情况下，渗透检测中所使用的乳化剂是由渗透液制造厂根据其渗透液的特点配套生产供应的，使用单位最好选择与所用渗透液相同族组的乳化剂，以期取得较好的乳化效果。

常用的乳化剂有乳化剂 OP、乳化剂 O（又叫平平加）、吐温 60、三乙酸胺油酸皂等，以乳化剂 OP 和乳化剂 O 应用最广，它们均属于非离子型乳化剂，乳化剂 OP 为黄棕色膏状物，易溶于水，遇 Fe、Cr、Zn、Al、Cu 等金属离子时，乳化性能将降低。乳化剂 O 为乳白色膏状物，加热后变为液体，遇冷水会使乳化性能降低。常用的溶剂有丙酮和乙醇等，乳化剂的典型配方见表 2-9。

表 2-9　乳化剂的典型配方

配　　方	乳化剂OP-10	工业乙醇	工业丙酮
比　　例	50%	40%	10%
作　　用	乳化剂	溶剂	溶剂

注：表中百分数均指质量分数。

2.3　显像剂

2.3.1　显像剂的作用

显像剂是渗透检测中的另一关键材料，它在渗透检测中的作用主要有下述三点：

1）通过毛细作用将缺陷中的渗透液吸附到工件表面上，形成缺陷显示。

2）将形成的缺陷显示在被检件表面上横向扩展，放大至足以用肉眼观察到。资料指出：通过显像剂的放大作用，裂纹的显示尺寸可高达该裂纹宽度的许多倍，有的甚至高达 250 倍左右。

3）提供与缺陷显示有较大反差的背景，从而达到提高检测灵敏度的目的。

2.3.2　显像剂应具备的综合性能

显像过程与渗透液渗入缺陷的原理是一样的，都属于毛细现象。由于显像剂中的显像粉末非常细微，其颗粒度为微米级。当这些微粒覆盖在工件表面时，微粒之间的间隙类似于毛细管，因此缺陷中的渗透液很容易沿着这些间隙上升，并回渗到工件表面，形成显示，鉴于显像的原理及具体应用的状况，显像剂应具备下列的性能：

1）显像粉末的颗粒细微均匀，对工件表面有较强的吸附力，能均匀地附着于工件表面形成较薄的覆盖层，有效地盖住金属本色；能将缺陷处微量的渗透液吸附到表面并扩展到足以被肉眼所观察到，且能保持显示清晰。

2）吸湿能力强，吸湿速度快，能容易被缺陷处的渗透液所润湿。

3）用于荧光法的显像剂应不发荧光，也不应含有任何减弱荧光亮度的成分。

4）用于着色的显像剂应对光有较大的反射率，能与缺陷显示形成较大的色差，以保证最佳的对比度，对着色染料无消色的作用。

5）具有较好的化学惰性，对盛放的容器和被检工件不产生腐蚀。

6）无毒、无异味、对人体无害。

7）使用方便、价格便宜。

8）检验完毕后，易于从被检工件表面上清除。

2.3.3　显像剂的物理化学性能

（1）显像剂的粒度　要求显像剂的粒度细而均匀，如显像剂的粒度过大，则微小的缺陷就很难显示出来，这是由于渗透液只能润湿粒度较细的球状颗粒所致。显像剂的粒度不应大于 $3\mu m$。

（2）显像剂密度　松散状态的干粉显像剂的密度应小于 $0.075g/cm^3$，包装状态下的密度应不大于 $0.13g/cm^3$。

（3）水悬浮型或溶剂悬浮型湿显像剂的沉降率　显像剂中的粉末在水（或溶剂）中的沉降速率称为沉降率。细小的显像剂粉末悬浮后，沉淀速度慢，粗的显像剂粉末不易悬浮，悬浮后沉淀速度快，粗细不均匀的显像剂粉末沉降速率不均匀，为确保显像剂有较好的悬浮性能，必须选用轻质细微且均匀的显像粉。

（4）分散性　分散性是指当显像剂粉末沉淀后，经再次搅拌，显像剂粉末重新分散到溶剂中去的能力。分散性好的显像剂，经搅拌后能全部重新分散到溶剂中去，而不残留任何结块。

（5）显像剂的润湿能力　显像剂的润湿能力包括两个方面：其一是显像剂的颗粒被渗透液润湿的能力，如果显像剂的颗粒不能被渗透液所润湿，就不可能形成缺陷显示；其二是湿式显像剂润湿工件表面的能力，如果润湿能力差，则在显像溶剂挥发以后，会出现显像剂流痕或卷曲、剥落等现象。

（6）腐蚀性　显像剂应不腐蚀盛装的容器，也不应使被检工件在渗透检测及以后的使用期间产生腐蚀，应控制显像剂中的硫、钠等元素的含量，因为上述元素会使镍基合金产生热腐蚀，而显像剂中的氟、氯等卤族元素会与不锈钢、钛合金起反应而产生

应力腐蚀裂纹，因此，原子能工业和航空航天等工业上用的显像剂，必须严格控制其含量。

（7）毒性　显像剂应是无毒的。有毒、异臭的材料不能用来配制显像剂。应避免使用二氧化硅干粉显像剂，因为长期吸入这类显像剂会对人的肺部产生有害的影响，因此，干粉显像时，一定要在通风条件好的地方进行。

2.3.4　显像剂的种类

根据显像剂的使用方式，常用的显像剂有下列几种类型。

1. 干式显像剂

（1）干式显像剂的组成及应用　干式显像剂主要是指干粉显像剂，实际上就是一种白色的显像粉末，如氧化镁、碳酸镁、氧化锌及氧化钛等。有时在白色粉末中加进少量的有机颜料或有机纤维素，以减少白色背景对黑光的反射，提高显示对比度和清晰度。干粉显像剂一般与荧光渗透液配合使用，是最常用的显像剂。

（2）干粉显像剂的要求　干粉显像粉末应是白色的、轻质的、松散的、干燥的，粉末的颗粒应细微，其大小以不超过 $1 \sim 3 \mu m$ 为宜。

干粉显像剂应具有较好的吸水、吸油性能，容易被缺陷处微量的渗透液所润湿，使渗透液能容易地渗出。干粉显像剂还应能容易地吸附在干燥的工件表面上，并形成一层显像粉薄膜。显像粉末在黑光的照射下应不发荧光，对被检工件和存放的容器不腐蚀，对人体无害。

（3）干粉显像剂的优缺点　干粉显像剂的主要优点是操作简便，容易施加，对被检工件无腐蚀，不挥发有害气体，不留下妨碍后续处理的膜层。

干粉显像剂的一个明显缺点是有严重的粉尘，故需要有净化空气的设备或装置。

2. 湿式显像剂

（1）水悬浮型显像剂

1）水悬浮型显像剂的组成。水悬浮型显像剂是将干粉显像剂按一定的比例加入水中配制而成的。为改善水悬浮型显像剂的性能，一般还应添加下列试剂：

①分散剂：它的作用是防止沉淀和结块，使显像剂具有良好的悬浮性能。

②润湿剂：改善显像剂与工件表面的润湿能力，保证在工件表面形成均匀的薄膜。

③限制剂：防止缺陷显示无限制地扩散，保证显示的分辨率和显示轮廓清晰。

④防锈剂：它的作用是降低显像剂对工件表面的锈蚀。通常要求显像剂的 pH 值是弱碱性的，一般不会对工件产生腐蚀，但如长时间残留在铝、镁合金上，会引起腐蚀麻点。

这类显像剂的典型配方见表 2-10。

2）使用时注意事项。由于这类显像剂是悬浮液，故在使用之前，必须充分搅拌均匀，以便得到薄而均匀的显像剂膜层。

显像剂粉末的含量不宜太多，否则会造成显像剂膜层太厚，尤其容易沉积于工件底部边缘，如螺纹根部，从而掩盖缺陷显示，厚的显像剂膜层在检验后的去除也较困难，但若显像剂中粉末含量太少，将不能形成均匀的薄膜，为此，显像剂中粉末要控制在最佳的比例上。通常以每 1000ml 水中加进 $30 \sim 100g$ 的显像粉末为宜。

表 2-10　水悬浮型显像剂的典型配方

配　　方	比　　例	作　　用
氧化锌	6g	吸附剂
水	100ml	悬浮剂
表面活性剂	0.01～0.1g	润湿剂
糊精	0.5～0.7g	限制剂

3）适用性及特点。该类显像剂可用于荧光渗透检测系统及着色渗透检测系统中，要求工件表面粗糙度小。

该类显像剂还应具有无毒、无气味、对人体健康无害、价格便宜等优点，但其检测灵敏度较低。

（2）水溶性显像剂　该类显像剂是将显像材料溶解于水中而制成的，为改善显像剂的性能，这类显像剂还添加润湿剂、助溶剂、防锈剂和限制剂等。由于这种显像剂是溶液，它克服了水悬浮显像剂容易沉淀，不均匀、可能结块的缺点。溶解在水中的显像材料在显像剂中的水分蒸发后，能在工件表面形成一层与工件表面紧密贴合的薄膜，有利于缺陷的显示。同时，它还具有清洗方便、无毒、不腐蚀工件、不可燃、使用安全等优点。但由于显像材料多为结晶粉末的无机盐类，所以，白色背景不如悬浮型湿式显像剂。另外，该类显像剂不适于与水洗型荧光渗透检测系统相配使用，也不适于着色渗透检测体系，同时要求工件表面较为光洁。

（3）溶剂悬浮型湿显像剂

1）溶剂悬浮型湿显像剂的组成。溶剂悬浮型湿显像剂是将显像粉末加在具有挥发性的有机溶剂中配制而成的。由于有机溶剂挥发快，故又称速干型显像剂。常用的有机溶剂有丙酮、乙醇、二甲苯等；为改善显像剂的性能，该类显像剂还添加限制剂，常用的限制剂有火棉胶、醋酸纤维素、过氯乙稀树脂等；为调整显像剂的粘度，增加限制剂的溶解度，还必须添加稀释剂，但稀释剂的添加量必须适当，如添加量过大，会引起显像膜自动剥落。

表 2-11 列出几种溶剂悬浮型显像剂的典型配方，供参考。

表 2-11　溶剂悬浮显像剂的典型配方

编　号	配　　方	作　　用	比　　例	备　　注
1	氧化锌 二甲苯 火棉胶（5%） 丙酮	吸附剂 悬浮剂 限制剂 稀释剂	5g/100ml 20% 70% 10%	喷涂时加入40～50ml丙酮稀释
2	氧化锌 丙酮 醋酸纤维素	吸附剂 悬浮剂 限制剂	5g/100ml 100% 1g/100ml	醋酸纤维素在丙酮中完全溶解后再加氧化锌
3	二氧化钛 丙酮 火棉胶（5%） 乙醇	吸附剂 悬浮剂 限制剂 稀释剂	5g/100ml 40% 45% 15%	

注：表中百分数均指质量分数。

　　2）溶剂悬浮型湿显像剂的特点。这类显像剂通常装在喷罐中使用，市场上常与着色渗透液、清洗剂配套出售，由于这类显像剂是悬浮液，故使用前必需充分摇动喷罐，使其搅拌均匀，以便得到薄而均匀的显像剂膜层。

　　溶剂悬浮型显像剂的溶剂具有很好的渗透能力，能渗入缺陷中，在挥发的过程中把缺陷中的渗透液带回工件表面，显像灵敏度高，就显像而言，它是目前灵敏度最高的显像剂之一，显像剂中的有机溶剂挥发快，因而形成的缺陷显示扩散小，显示轮廓清晰，分辨力高。由于这类显像剂含有有机溶剂，故有毒或易燃，使用中必须注意避免过多吸入或意外引爆，必需将其储存于密闭的容器中。

　　（4）溶液型湿显像剂　该显像剂是将显像材料溶解在有机溶剂中而制成的。它是一种无色透明的溶液，这种显像剂克服了溶剂悬浮型湿显像剂容易沉淀之类的缺点，但这种显像剂目前尚未应用于生产检测中。

　　3. 其他类型显像剂
　　（1）塑料薄膜显像剂　这种显像剂主要是由显像粉末和透明清漆（或者胶状树脂分散体）所组成的悬浮液。通常采用喷涂的方式将显像剂施加于被检工件的表面上，显像剂把缺陷中的渗透液吸附出来使之进入不定形的塑料薄膜中，由于透明清漆是使用一种高挥发性的溶剂，在较短时间内就会干燥而形成一层薄膜，缺陷的显示就被凝固在膜层中，故可将膜层剥下来作永久的记录。这种显像剂的优点是它所形成的缺陷显示扩散小，因而可得到一个具有高清晰度的缺陷显示。

　　这种显像剂的有效性取决于所使用的施加技术和所施加的显像剂量。首先施加一层极薄的白色胶层，然后用具有极细喷孔的喷枪小心地喷涂薄薄的一层透明胶膜显像剂层，再次喷涂之前应让原来的膜层干燥，显像剂薄膜可由 6～7 次喷涂积聚而成，厚度应薄而均匀，如果膜层太厚，会使缺陷显示的清晰度下降或掩盖小缺陷显示。多次喷涂比单次喷涂好，因为在多次喷涂中，操作者能观察显示的特性。

　　（2）化学反应型显像剂　化学反应型显像剂是一种无色显像液，呈酸性，与化学反应型渗透液接触时发生化学反应，在白光下呈红色，在紫外灯下发出荧光。如日本的"拓色涂"显像剂。这类显像剂必须与配套的渗透液配合使用。

2.4　渗透检测材料系统

2.4.1　渗透检测材料的同族组

　　所谓"渗透检测材料的同族组"是指完成一个特定的渗透检测过程所必须的完整的一系列材料，包含渗透液、乳化剂、去除剂及显像剂等。作为一个整体，它们必须相互兼容，才能满足检测的要求，否则，可能出现渗透液、乳化剂、清洗剂及显像剂等材料各自都符合规定要求，但它们之间不能相互兼容，最终使渗透检测无法进行。因此，检测中的渗透检测材料应是同一族组，推荐采用同一厂家提供同一型号的产品，原则上，不同厂家的产品不能混用。如确需混用，则必须经过验证，确保它们能相互兼容，其检测灵敏度应能满足检测的要求。

2.4.2　渗透检测材料系统的选择原则

1）灵敏度应满足检测要求。不同的渗透检测材料组合系统，其灵敏度不同，一般后乳化型灵敏度比水洗型高，荧光渗透液灵敏度比着色渗透液高。在检测中，应按被检工件灵敏度要求来选择渗透检测材料组合系统，当灵敏度要求高时，例如疲劳裂纹、磨削裂纹或其他细微裂纹的检测，可选用后乳化型荧光渗透检测系统，当灵敏度要求不高时，例如铸件，可选用水洗型着色渗透检测系统。应当指出：不能片面追求高灵敏度检测，只要灵敏度能满足检测要求即可，如某些工作（如铸件），当其表面粗糙度太大时，若采用高灵敏度渗透检测材料系统，会由于表面多余渗透液的清洗困难造成背景太高，信噪比降低，使灵敏度下降，反而达不到预期的目的；再者，检测灵敏度越高，其检测费用也越高，而从经济上考虑也是不适宜的。

2）根据被检工件状态进行选择。对表面光洁的工件，可选用后乳化型渗透检测系统，对表面粗糙的工件，可选用水洗型渗透检测系统，对大工件的局部检测，可选用溶剂去除型着色渗透检测系统。

3）在灵敏度应满足检测要求的条件下，应尽量选用价格低、毒性小、易清洗的渗透检测材料组合系统。

4）渗透检测材料组合系统对被检工件应无腐蚀。如铝、镁合金不宜选用碱性渗透检测材料，奥氏体不锈钢、钛合金等不宜选用含氟、氯等卤族元素的渗透检测材料。

5）化学稳定性好，能长期使用，受到阳光或遇高温时不易分解和变质。

6）使用安全，不易着火。如盛装液氧的容器不能选用油溶性渗透液，而只能选用水基型渗透液，因为液氧遇油容易引起爆炸。

2.5　国内外渗透检测材料简介

2.5.1　国外渗透检测材料简介

国外渗透检测材料品种很多，有许多产品都被列入到 QPL-2644 合格产品目录中。美国、英国、日本等国生产的渗透检测材料均已标准化和系列化，种类齐全，能够满足不同渗透检测的需要。有的产品具有良好的水洗性，专用于粗糙表面的检查；有的限制硫、氯、氟含量，适用于航空航天工业及核工业；有的不会引起塑料的溶解或变色，专用于检查塑料；有的适用于 $50\sim1250℃$ 的高温检查。

随着科技的发展，产品的更新换代。有很多产品可供选择，如表 2-12，2-13、2-14 所示，仅供参考。

表 2-12　美国生产的渗透检测材料（系列一）

荧光渗透液		
可水洗型（方法 A）		
HM-2D	一级	低灵敏度
HM-3A	二级	中灵敏度
HM-406	二级	中灵敏度
HM-602	二级	中灵敏度
HM-430	三级	高灵敏度

（续）

荧光渗透液		
可水洗型（方法 A）		
HM-604	三级	高灵敏度
HM-607	三级	高灵敏度
HM-704	四级	超高灵敏度
荧光渗透液		
后乳化型（方法 B、C 和 D）		
RC-29	一级	低灵敏度
RC-50	二级	中灵敏度
RC-65	三级	高灵敏度
RC-77	四级	超高灵敏度
RC-88	四级	超高灵敏度
乳化剂		
ER-83A	方法 D	亲水型
ER-85	方法 A	亲油型
清洗/去除剂		
DR-60	2 级	烃基去除剂
DR-62	2 级	烃基去除剂
LA-1 Cleaner	不适用	热罐清洗剂
显像剂		
D-90G	形式 a	干粉显像剂
D-100	形式 d 和 e	非水湿显像剂
D-105	形式 d 和 e	非水湿显像剂
D-106	形式 d 和 e	非水湿显像剂
D-110A.1	形式 c	水悬浮性显像剂
D-113G.1	形式 b	水溶显像剂
荧光渗透液		
水基（方法 A）		
WB-100	一级	低灵敏度
WB-200	二级	中灵敏度
着色渗透液		
DP-40	方法 B、C 和 D	后乳化高灵敏度
DP-51	方法 A 和 C	水洗高灵敏度
DP-54	方法 A 和 C	水洗高灵敏度
DP-55	方法 A 和 C	水洗高灵敏度
高温系统		
K-017 Penetrant	方法 A 和 C	高温着色渗透液
K-019 Remover	2 级	高温渗透去除剂
D-350 Developer	形式 e 和 e	高温非水显像剂

表 2-13　美国生产的渗透检测材料（系列二）

着色渗透液	
SKL-SP1	溶剂去除型荧光渗透液
SKL-WP	水基着色渗透液
SKL-4C	水基荧光/着色两用渗透液

清洗剂	
SKC-S	不含氯、易燃
SKC-HF	高闪点、低气味

显像剂	
SKD-S2	溶剂显橡剂
ZP-5B	含水湿显橡剂

荧光渗透剂
可水洗型（方法 A）

ZL-15B	1/2 级	
ZL-19	一级	低灵敏度
ZL-60D	二级	中灵敏度
ZL-67	三级	高灵敏度
ZL-56	四级	超高灵敏度

荧光渗透液
后乳化型（方法 B、C 和 D）

ZL-2C	二级	中灵敏度
ZL-27A	三级	高灵敏度
ZL-37	四级	超高灵敏度

荧光渗透液
水基（方法 A）

ZL-4C	用于塑料、陶瓷等表面缺陷检验

表 2-14　英国生产的渗透检测材料

方法 A-水洗型

渗透液	乳化剂	干显像剂	湿显像剂
P131D　P135E P135E　P6F4 P133D　P136E P134D　P134E P6R　906	— — — — —	9D4A 9D1B NQ1	9D76

方法 B　亲油后乳化型

渗透液	乳化剂	干显像剂	湿显像剂
985P12 985P13 985P14 996	9PR3	9D4A 9D1B NQ1	9D75 9D76

（续）

方法 C 溶剂去除型			
渗透液	溶剂	干显像剂	湿显像剂
P131D P136E P131E 985P12 P133D P7F2 P134D 985P13 P134E P7F3 P135E 985P14 P6F4 995 906 P6R	9PR50 PR1 （采用擦涂法）	9D1B NQ1	9D76

方法 D 亲水后乳化型			
渗透液	乳化剂	干显像剂	湿显像剂
985P12 985P13 985P14 P7F2 P7F3	9PR12 E-1 (10%)	9D4A 9D1B NQ1	9D75 9D76

2.5.2 国内渗透检测材料简介

1. 国内荧光渗透检测材料

国内荧光渗透检测材料研制开发已有 20 多年的历史，荧光渗透检测材料产品已初步系列化。这些产品广泛应用于航空、航天、民航、空军、医疗等行业军品、民品零件的检测。国内部分荧光渗透检测材料见表 2-15。

表 2-15 国内部分荧光渗透检测材料

荧光渗透液 可水洗型（方法 A）		
ZY11	一级	低灵敏度
ZY11D	一级	低灵敏度
ZY21	二级	中灵敏度
ZY22	二级	中灵敏度（可用于自显像工艺）
ZY21D	二级	中高灵敏度
ZY31	三级	高灵敏度
ZY31D	三级	高灵敏度
ZY41D	四级	超高灵敏度
荧光渗透液 后乳化型（方法 D）		
HY11D	一级	低灵敏度
HY21D	二级	中灵敏度
HY31	三级	高灵敏度
HY31D	三级	高灵敏度
HY41D	四级	超高灵敏度
乳化剂		
QY31	方法 D	亲水型
显像剂		
DG-1	形式 a	干粉显像剂
DG-2	形式 a	干粉显像剂

随机在市面上购置几种国内、外荧光渗透检测材料，在实验室同等条件下，按照 AMS 2644 标准，采用镀铬裂纹试块进行比较，该试块为日本生产，裂纹深度为 0～50μm。如图 2-4 所示。实验只对当时所采购的产品，仅供参考。

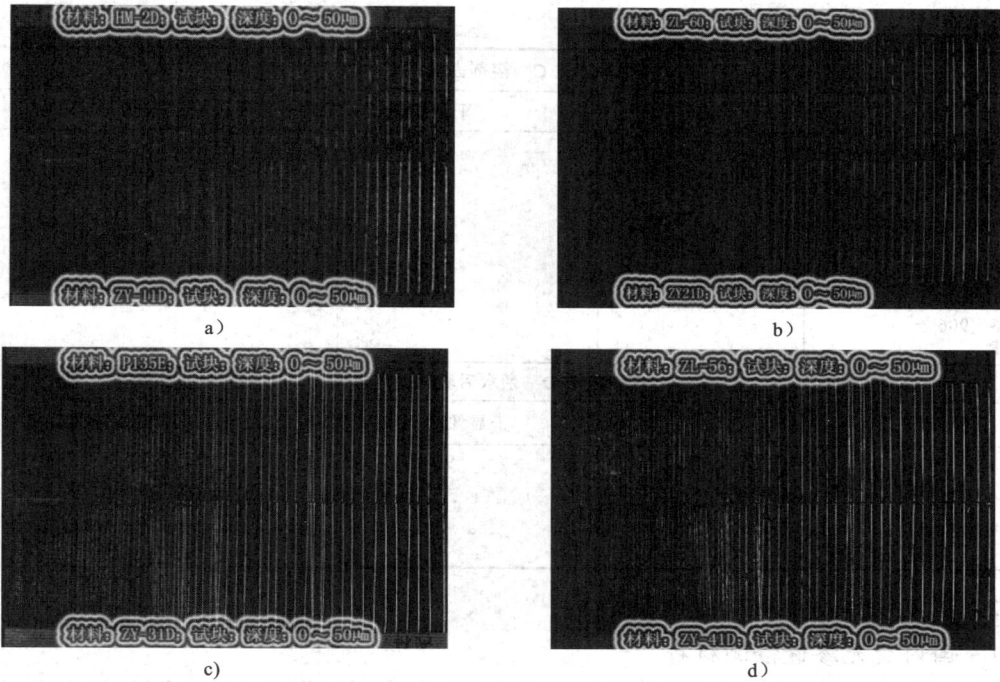

图2-4　荧光渗透检测系统灵敏度实验

a）国产 ZY11D 与国外 HM-2D 比较　b）国产 ZY21D 与国外 ZL-60 比较

c）国产 ZY31D 与国外 P135E 比较　d）国产 ZY41D 与国外 ZL-56 比较

2. 国内着色渗透检测材料

国内着色渗透检测材料也有较大发展，其中 HD 型、DPT 及 SM-3 型均属于溶剂去除型着色渗透检测材料，由红色着色渗透液、溶剂去除剂和显像剂组成，以喷灌形式成套供应。这里只列举一些，见表 2-16。

表 2-16　国内着色渗透检测材料

型　号	名　称	简　介
U-T	核级着色渗透检测剂	进口原料，溶剂去除型，溶剂去除两用型，高灵敏度，卤素与硫含量特殊控制，符合国外 JIS Z、ASME、MIL 及国内 HB、JB 标准，适于镍基合金、奥氏体不锈钢、钛合金及飞机铝合金检测。核级。
DPT-GⅢ	着色渗透检测剂	进口原料，采用日本配方工艺，水洗型探伤剂，中级灵敏度。
U-GⅢ	着色渗透检测剂	进口原料，水洗、溶剂去除两用型，采用日本配方工艺，中灵敏度。
DPT-3	着色渗透检测剂	水洗，溶剂去除两用型，高灵敏度，快速渗透、快速显像。
DPT-4	着色渗透检测剂	通用型。
DPT-5	着色渗透检测	溶剂型，可水洗，采用中日合作配方工艺，高灵敏度，低氟、氯、硫含量，无刺激味。
DPT-5A	着色渗透检测剂	溶剂型可水洗，采用中日合作配方工艺，高灵敏度，低氟、氯、硫含量，无刺激味，大容量喷罐。

随机在市面上采购几种国产及俄罗斯产着色渗透检测材料进行实验，效果如图 2-5 所示。实验只对当时所采购的产品，仅供参考。

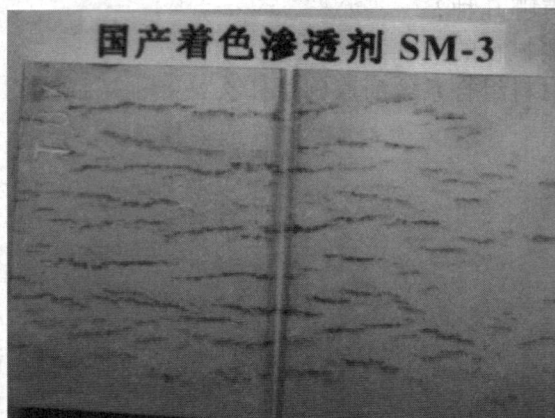

a）

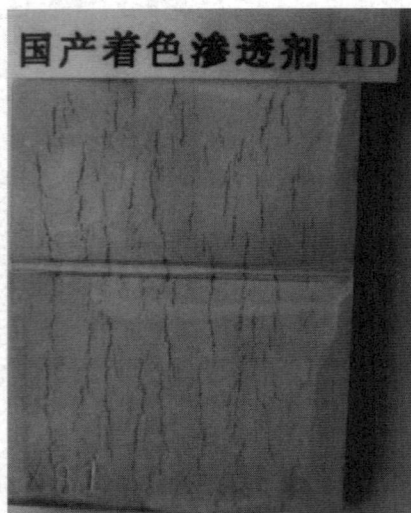

b）

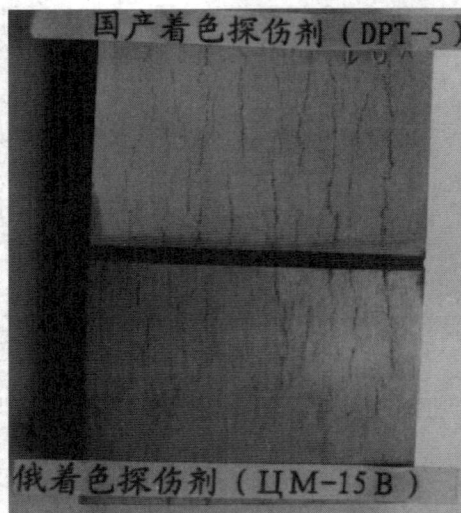

c）

图2-5　着色渗透检测材料实验

a）国产着色渗透检测材料 SM-3 型　　b）国产着色渗透检测材料 HD 型

c）国产着色渗透检测材料 DPT-5型与俄产 ЦM-15 в 对比实验

复　习　题

1. 简述渗透液的分类。理想渗透液应具备哪些性能？
2. 什么是去除剂？渗透检测中常用哪几种类型的去除剂？
3. 乳化剂的作用是什么？对乳化剂的综合性能有哪些要求？
4. 如何选择合适的乳化剂？使用乳化剂时应注意哪些事项？
5. 显像剂有哪些作用？显像剂应具备哪些主要综合性能？

6. 常用的显像剂有哪几种？
7. 什么是渗透检测材料的同族组？
8. 选择渗透检测材料组合系统的原则是什么？

第3章 渗透检测设备

3.1 渗透检测中常用的试块

3.1.1 试块及其作用

试块是指带有人工缺陷或自然缺陷的试件，它是用于衡量渗透检测灵敏度的器材，故也称灵敏度试块。渗透检测灵敏度是指在工件或试块表面上发现微细裂纹的能力。

在渗透检测中，试块的主要作用表现在下述三个方面：

1）灵敏度试验：用于评价所使用的渗透检测系统和工艺的灵敏度及其渗透液的等级。

2）工艺性试验：用以确定渗透检测的工艺参数，如渗透时间、温度；乳化时间、温度；干燥时间、温度等。

3）渗透检测系统的比较试验：在给定的检测条件下，通过使用不同类型的检测材料和工艺的比较，以确定不同渗透检测系统的相对优劣。

应当指出：并非所有的试块都具有上述所有的功能，试块不同，其作用也不同。

3.1.2 常用试块

渗透检测中，每种试块或试片均有其优缺点，现介绍几种常用的试块：

1. 铝合金淬火裂纹试块

铝合金淬火裂纹试块也称 A 型试块，其推荐的形状和尺寸如图 3-1 所示。

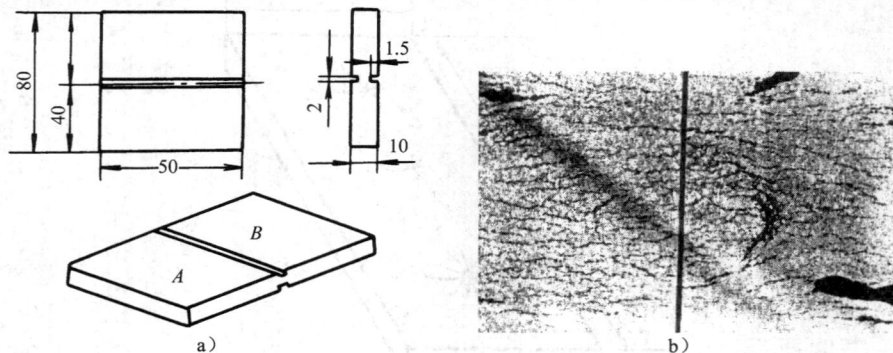

图3-1 铝合金淬火试块

a）铝合金淬火裂纹试块 b）两种渗透液在试块上的检测结果

铝合金淬火试块的制作步骤如下：

从 8～10mm 厚的铝合金板材（材料：2A12）截取一块 50mm×80mm 的试块毛坯磨光，粗糙度为 6.3μm，取料时使 80mm 长度方向沿着板材的轧制方向，然后把试块放在

支架上，用气体灯或喷灯加热，加热的位置在试块下方正中央，加热至 510～530℃时，调节火焰保温约 4min，然后在水中急冷淬火，使试块中部产生宽度和深度不同的淬火裂纹。最后，沿 80mm 方向的中心位置开一个 2mm×1.5mm 的矩形槽，再用硬刷子清理表面，并用溶剂清洗，这就制成了一块铝合金淬火裂纹试块。

这种试块的作用：铝合金试块上的矩形刻槽把试块检测面一分为二，这样，便于在互不污染的情况下进行对比试验，可在同一工艺条件下，比较两种不同的渗透检测系统的灵敏度。也可使用同一组渗透检测材料，在不同的工艺条件下进行工艺灵敏度试验。从理论上讲，试块上刻槽两侧上的裂纹形状和分布应是对称的，但在某些情况下仍会有所不同，因此，在进行对比试验时，应注意这一现象。

这种试块的优点是制作简单，在同一试块上可提供各种尺寸的裂纹，且形状类似于自然裂纹。其缺点是所产生的裂纹尺寸不能控制，而且裂纹的尺寸较大，不适于渗透检测材料的灵敏度鉴别，多次使用后，重现性较差。

这种试块经使用后，渗透检测材料会残留在裂纹内，清洗较为困难，重复使用时会影响裂纹的重现性，严重时会因为裂纹被堵塞而失效。因此，试块经使用后应及时清洗，具体清洗方法是：先将试块表面用丙酮清洗干净，用水煮沸半小时，清除缺陷内残留的渗透液，然后在 110℃下干燥 15min，使裂纹中的水分蒸发干净，然后浸泡在 50%甲苯和 50%三氯乙稀混合液中，以备下次使用。另外也可将表面清洗干净的试块置于丙酮中浸泡 24 小时以上，干燥后放在干燥器中保存备用。应当指出：虽然有多种清洗方法，但效果都不能令人满意。在一般情况下，铝合金淬火裂纹试块的使用次数不多于 3 次，因为在大气中，铝表面会氧化。

2. 不锈钢镀铬裂纹试块

这种试块又称 B 型试块。图 3-2 是这种试块的示意图。

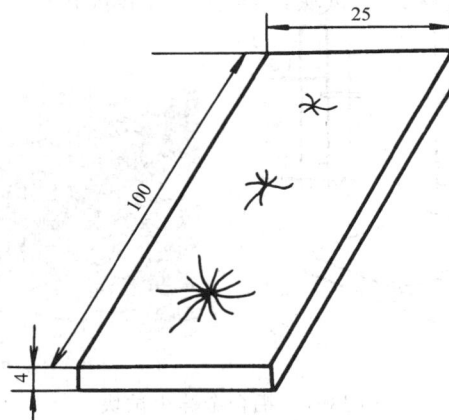

图3-2　不锈钢镀铬裂纹试块

这种试块由单面镀铬的不锈钢制成，不锈钢材料可采用 1Cr18Ni9Ti。推荐的尺寸为 100mm×25mm×4mm，制作时，先将不锈钢板的单面磨光后镀铬，铬层厚度约 25μm 左右，镀铬后进行退火，以清除电镀层的应力，然后在试块的另一面用直径 10mm 的钢球

在右氏硬度机上分别以 750kg、1000kg 及 1250kg 打三点硬度，这样，试块镀层上就会形成如图 3-2 所示的三处辐射状裂纹，其中以 750kg 压点处产生的裂纹最小，1250kg 处裂纹最大。

　　B 型试块主要用于校验操作方法与工艺系统的灵敏度。B 型试块不像 A 型试块可分成两半进行比较试验，只能与标准工艺的照片或塑件复制品对照使用。即在 B 型试块上，按预先规定的工艺程序进行渗透检测，再把实际的显示图像与标准工艺图像的复制品或照片相比较，从而评定操作方法正确与否和确定工艺系统的灵敏度。

　　这种试块的特点是：裂纹深度尺寸可控，一般不超过镀铬层厚度。同一试块上具有不同尺寸的裂纹，压痕小处的裂纹小。试块制作工艺简单，重复性好，使用方便。由于这种试块检测面没有分开，故不便于比较不同渗透检测材料或不同工艺方法灵敏度的优劣。

　　该试块清洗和保存方法同 A 型试块。

3.　黄铜板镀镍铬层裂纹试块

　　黄铜板镀镍铬层裂纹试块又称 C 型试块，其形状如图 3-3 所示。推荐的尺寸为 100mm×70mm×4mm。

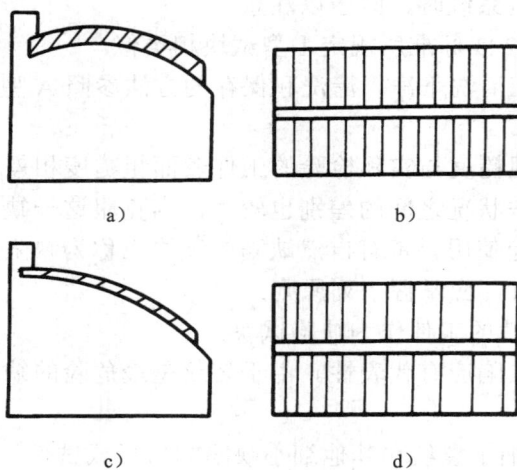

图3-3　黄铜板镀镍铬层裂纹试块及弯曲夹具示意图
a）圆柱面夹具　b）等距离分布的裂纹　c）非圆柱面夹具　d）由密到疏排列的裂纹

　　黄铜板镀镍铬层裂纹试块的制作步骤如下：

　　在 4mm 厚的黄铜板上截取 100mm×70mm 的试块毛坯磨光，先镀镍，再镀铬，然后在悬臂靠模上反复进行弯曲，使之形成疲劳裂纹，这些裂纹呈接近于平行条状分布，最后在垂直于裂纹的方向上开一切槽，使其分成两半，两半的裂纹互相对应。靠模有圆柱面模和非圆柱面模两种，如在半径上约为 114mm 的圆柱面模上进行弯曲，可得到等距离分布且开口宽度相同的裂纹，如图 3-3a、b；如在非圆柱面模具（如悬臂模）上进行弯曲，则裂纹从固定点向外由密到疏排列且开口宽度由大到小。如图 3-3c、d 所示。这种试块的裂纹深度由镀铬层的厚度控制，裂纹的宽度可根据弯曲和校直时试块的变形程度

来控制。根据不同的电镀槽液电镀工艺技术可制出如下裂纹尺寸：

　　1）带有宽度约 2μm 和深度约 50μm 粗裂纹；

　　2）带有宽度约 2μm 和深度约 30μm 中等裂纹；

　　3）带有宽度约 1μm 和深度约 10～20μm 细裂纹；

　　4）带有宽度约 0.5μm 和深度约 2μm 微细裂纹。

　　这种试块的特点是：试块的裂纹尺寸量值范围与渗透检测显示的裂纹极限比较接近，因而它是渗透检测系统性能检验和确定灵敏度的有效工具。它的裂纹尺寸小，可用于高灵敏度渗透检测材料性能测定；也可用于某一渗透检测系统性能的对比试验和校验，也能进行两个渗透检测系统的性能比较；也可将试块一分为二而形成两块相匹配的试块（或划分为 A、B 二区），使比较不同的渗透检测工艺成为可能；进行对比试验时，不仅要评价缺陷条纹的完整性，还要评价试块上显示的亮度、清晰度和灵敏度。这种试块的裂纹较浅，故易于清洗，不易被堵塞，可多次重复使用。其缺点是试块的镀层表面光洁如镜，使表面多余的渗透液易于清洗，与实际工件的检验情况差异较大，因而所得出的结论不能认为可等同于在工业检测工件上所获得的结果，试块的制作也比较困难，特别是裂纹尺寸的有效控制更为困难，且在制造过程中，不会有两块完全相同裂纹尺寸的试块，因此，在比较两种渗透检测系统时，应予以注意。

　　这种试块与 ISO 3452-3 标准所规定Ⅰ型试块相类似。

　　试块使用完毕后，应清洗干净，清洗和保存的方法参照 A 型试块。

　　4.　自然缺陷试块

　　人工裂纹试块表面粗糙度与实际检验的工件表面粗糙度相差较大，因此，试块上的清洗状况和工件上的清洗状况之间的差别也较大，为克服这一缺点，可选择带有缺陷的工件与人工裂纹试块一起使用。带有自然缺陷的试块也称为缺陷试块。

　　选择自然缺陷试块时，应掌握下列原则：

　　1）应选择有代表性的工件作为缺陷试块。

　　2）试块上所带的缺陷应有代表性。由于裂纹是最危险的缺陷，因而通常选择带有裂纹的试块。

　　3）最好选择带有细小裂纹和其他细小缺陷的试样或试件，同时，还要选择浅而宽的开口缺陷试样或试件。

　　选择好缺陷试件，应用草图或照相的方法记录好缺陷的位置和大小，以备校验时对照。

　　5.　吹砂钢试块

　　吹砂钢试块是采用 100mm×50mm×10mm 的退火不锈钢片制成的。在试块的一面，用平均粒度为 100 目筛的砂子进行吹砂，吹砂喷嘴距试块表面约 450mm 左右，压缩空气的压力为 0.4MPa，一直把试块表面吹成毛面状态且底色均匀即可，制好的试块用干净纸包好。

　　这种试块主要用于渗透液的清洗性能校验和去除剂的去除性能校验，也用于校验去除工件表面多余渗透液的工艺方法是否妥当，如乳化时间的长短、水温及水压的控制等。

6.　组合试块

根据实际需要，可将两种不同的试块组合在一起，构成组合试块，如由普惠飞机公司研制的 PSM 试块，这种试块也称为渗透系统监控试块，它实际上是由改进的 B 型试块和吹砂试块组合而成。如图3-4 所示。试块上分两个区域，半边镀铬，另半边吹砂，在镀铬面上有经采用硬度计在其背面施加不同负荷而形成的 5 处辐射状裂纹区，裂纹区按大小顺序排列，其间距约 25mm；吹砂面为中等吹砂表面。

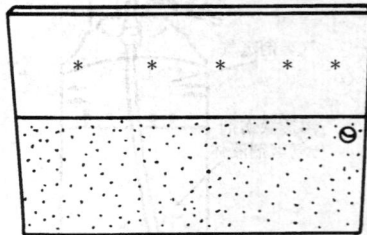

图3-4　PSM 试块示意图

JB/T6064 标准中把这种试块称为 B 型试块。

这种试块主要用于监测渗透检测系统性能的变化，如渗透检测材料的质量和渗透检测工艺监测等，均可采用这种试块。

ISO 3452-3 标准所规定 II 型试块与这种试块相类似，但 II 型试块的可清洗测试区划分为 4 个区域，其粗糙度 R_a 分别为 2.5μm、5μm、10μm 和 15μm，R_a=2.5μm 的区域由吹砂处理制成，其余区域由电浸蚀制备而成。

7.　陶器试块

陶器试块是一种不上釉的陶瓷圆盘片，表面有许多显微裂纹和小孔。使用时在其两面施加不同渗透液，比较二者显示的小孔数量与着色或荧光亮度。这种试块主要用于比较两种过滤性微粒渗透液的性能。

3.2　渗透检测装置

3.2.1　便携式渗透检测装置

1.　便携式装置的构成

便携式装置也称便携式压力喷罐装置，它是由渗透液喷罐、清洗剂喷罐、显像剂喷罐、擦布（纸巾）、灯、毛刷、金属刷等组成的；通常将它们装在一个小箱子里，这就是便携式渗透检测箱。如采用荧光法检测，则所带的灯应是黑光灯；如采用着色法，则为照明灯。对现场检测和大工件的局部检测，采用便携式设备非常方便。

2.　喷罐的结构

喷罐的结构见图 3-5，喷罐的外壳是采用可锻炼铸铁板卷焊或铝合金拉制而成的。在喷罐内封装渗透检测材料的同时，按一定的比例装入气雾剂。常用的气雾剂是乙烷、氟利昂等，气雾剂在常温下会气化，形成压力。使用时，只要压下头部的阀门，渗透检测材料就会从头部的喷嘴自动喷出，喷罐内部的压力随渗透检测材料的种类和温度的不同而异，温度越高，压力也越大，不同渗透检测材料的喷罐内的压力随温度的变化关系如图 3-6 所示。

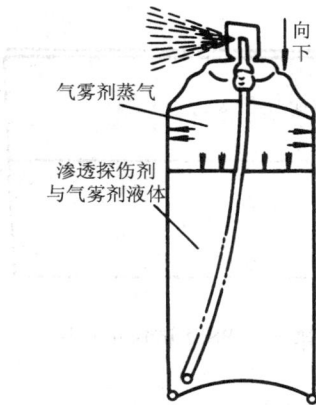

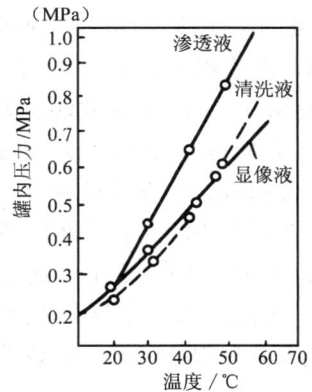

图3-5　喷罐的结构　　　　　　图3-6　喷罐内压力和温度的关系

3. 使用喷罐时应注意事项

1） 喷嘴应与工件表面保持一定的距离，这是因为渗透检测材料刚从喷嘴喷出时，由于气流集中，使渗透检测材料呈液滴状而还未形成雾状，太近时，会使渗透检测材料施加不均匀。

2） 因喷罐内的压力随温度的升高而增大，故喷罐不宜放在靠近火源、热源处，以免因受热后，罐内压力过高而引起爆炸；特别是使用石油液化气作为气雾剂的喷罐，切忌接近火源，以免引起火灾。

3） 需遗弃空罐时，应先破坏其密封性后，方可遗弃。

3.2.2　固定式渗透检测装置

工作场所的流动性不大，工件数量较多，要求布置流水作业线时，一般采用固定式检测装置，而且基本上是采用水洗型或后乳化型渗透检测方法，主要的装置有：预清洗装置、渗透装置、乳化装置、显像装置、干燥装置和后处理装置。

1. 预清洗装置

常用的预清洗装置有三氯乙烯蒸气除油槽、碱性或酸性腐蚀槽、超声波清洗装置、洗涤槽和喷枪等。这些装置都比较简单，这里仅介绍三氯乙烯蒸气除油槽。

三氯乙烯蒸气除油槽的结构如图3-7所示，槽中的三氯乙烯液体被加热器所加热，至87℃时沸腾，产生三氯乙烯蒸气，槽的上部是蛇形管冷凝器，蛇形管内不断地通冷水冷却，使三氯乙烯蒸气在冷凝器上冷凝成液体，从而保证三氯乙烯蒸气不再上升，并使其保持在一定的水平面上，被冷凝的三氯乙烯液体被收集后流回槽中重复使用。槽的上部内侧装有一个温度控制器，如果因某种原因使三氯乙烯蒸气面上升时，温度控制器的测头处的温度就会升高，此时，温度控制器能自动切断电源，起到安全保护作用。槽的上部有抽风口，可抽掉挥发在槽口的三氯乙烯蒸气。为保持槽内蒸气稳定，抽风速度不宜太快。

工作中，要保持除油槽的清洁，防止槽液与污染物发生化学反应而呈酸性，为此，当工件的油污较多时，在进行三氯乙烯除油前，应先用煤油或汽油清洗一遍。铝、镁合

金等工件在除油前，要彻底清除屑末，防止铝、镁屑进入槽中与三氯乙烯产生化学反应，而使槽液呈酸性。潮湿的工件必须在干燥后方能除油。

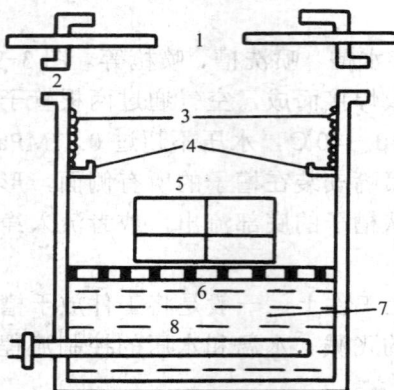

图3-7　三氯乙烯蒸气除油装置原理图

1—滑动盖板　2—抽风口　3—冷凝管　4—冷凝集液槽

5—零件筐　6—格栅　7—三氯乙烯　8—加热器

　　人体吸入三氯乙烯是有害的，在操作时，工件进出槽口要缓慢，防止过多的蒸气带出槽外。要经常添加三氯乙烯，防止加热器露出液面，否则会引起过热而产生剧毒气体。操作现场禁止抽烟，防止吸入有毒气体。

　　2. 渗透装置

　　渗透装置主要包括渗透液槽、滴落架、工件筐、毛刷、喷枪等。这里主要介绍渗透液槽和滴落架。

　　渗透液槽一般用铝合金或不锈钢薄板制成。设计时，应考虑具体情况、以能放置最大的工件，具有足够的间隙和深度，正常的液面高度还应考虑到工件浸入槽中以后能被完全覆盖而又不使渗透液外溢，有的渗透液槽上还装有 2 个阀门，一个作为排液用，一个作为排污用。

　　滴落架一般与渗透液槽紧挨在一起放置。多数滴落架直接装在渗透液槽上，与渗透液槽制成一体，如图 3-8。这种结构使从滴落架上滴落的渗透液直接流到渗透液槽中。对那些不能直接浸涂的工件，这种滴落架还能为工件的流涂或喷涂提供一个操作位置。为便于进行流涂或喷涂的操作，最好在渗透液槽中加装一个小油泵，并在油泵上安装软管喷嘴。在寒冷地区，渗透液槽还附带有加热装置，供必要时对渗透液加温。

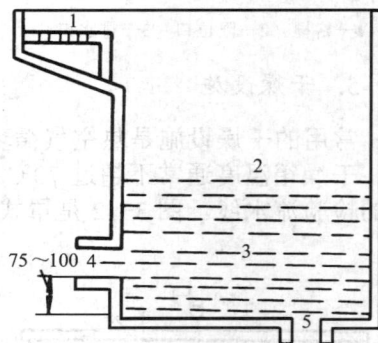

图3-8　带滴落架的渗透液槽

1—滴落架　2—正常液面标记　3—渗透液

4—排液口　5—排渣口

　　3. 乳化装置

　　乳化装置与渗透装置相似，但乳化装置中需安装搅拌器，供定期或不定期地对乳化

剂进行搅拌时使用。搅拌器可采用泵或浆式搅拌器，但最好采用浆式搅拌器。通常不宜采用压缩空气搅拌，因为压缩空气搅拌会伴随产生大量的乳化剂泡沫。

4. 水洗装置

常用的水洗装置有：搅拌水槽、喷洗槽、喷枪等。图3-9是一种压缩空气搅拌水槽。槽子是用普通钢板或不锈钢板焊接而成，空气通过两根管子进入槽底，水平安放，管中钻有孔眼，槽中水温控制在 10～40℃，水压不超过 0.27MPa，工作时，脏水自槽上方的溢流装置中排走。喷洗槽的喷嘴安装在槽子的所有侧面，形成扇型的喷射形式，喷嘴的角度可以调节，喷洗后的水从槽子的底部流出，或者流入净化装置再循环使用。水的净化采用活性炭过滤器。

手工喷洗用喷枪将水喷至工件上，一般是将工件放于槽内清洗，槽底装有格栅以支撑工件，可以用档板档住水的飞溅。水温和水压的控制流程如图3-10所示。

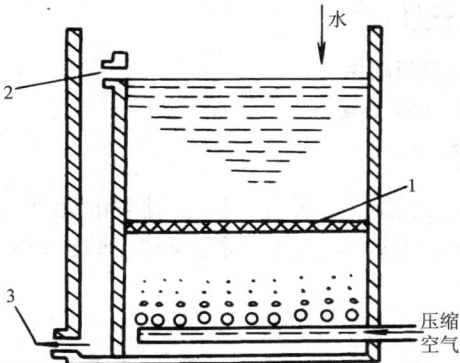

图3-9　压缩空气搅拌水槽

1—格栅　2—限位口　3—排水口

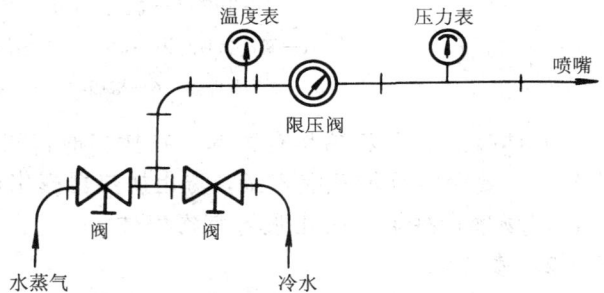

图3-10　用于控制水温

水压的流程图

5. 干燥设施

常用的干燥设施是热空气循环干燥器，它是由加热器、循环风扇，恒温控制系统所组成。干燥箱温度通常不超过 70℃。图3-11是井式热空气循环干燥装置，适于吊车吊运工件的检验流水线。图3-12是罩式热空气循环烘干装置，适合于滚道传送的检验流水线。

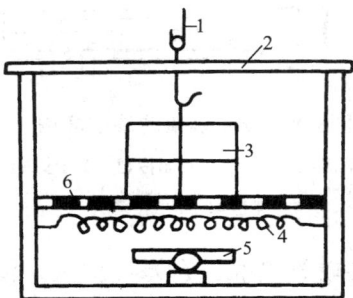

图3-11　是井式热空气循环干燥装置

1—吊钩　2—盖板　3—被干燥零件

4—加热器　5—电风扇　6—格栅

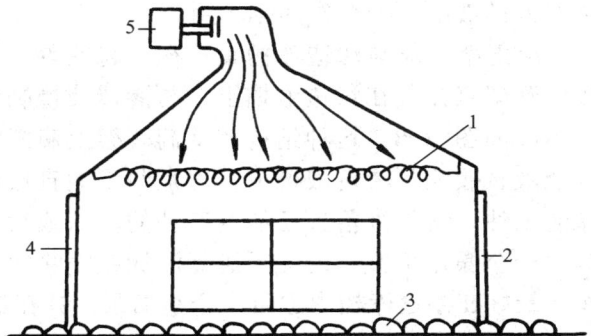

图3-12　罩式热空气循环烘干装置

1—加热器　2—零件出门　3—滚道

4—零件进门　5—鼓风机

6．显像装置

显像装置分为湿式和干式两大类。

湿式显像装置的结构与渗透液槽相似，也是由槽体和滴落架组成，显像槽中安装浆式搅拌器，以进行不定期的搅拌，压缩空气搅拌会产生气泡和泡沫，故不推荐使用。有的装置还装有加热器和恒温控制器。

常用的干式显像装置有喷粉柜和喷粉槽等。喷粉柜的结构如图 3-13 所示。底部为锥形，内盛显像粉。加热器使柜中的显像粉末保持干燥松散状态。压缩空气管下方钻有小孔，当通入压缩空气时，压缩空气将显像粉吹扬起来形成雾状，充满密封柜的全部空间。柜内装有支撑工件用的格栅，密封盖的下方和喷粉柜的槽边贴上一层海棉或泡沫塑料，当盖板盖上时，利用盖板本身的重量将槽口密封住。

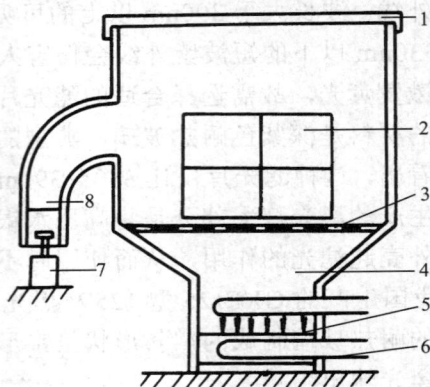

图3-13　喷粉柜结构示意图

1—密封盖　2—零件筐　3—格栅　4—压缩空气
5—显像粉　6—加热器　7—可逆马达　8—过滤网

7．检查室

采用荧光法检测时，必须有暗室，室内应装有标准的黑光源，还应备有便携式黑光灯，以便于检查工件的深孔位置。暗室还应配备白光照明装置，作为一般照明和白光下评定缺陷用。

3.2.3　黑光灯

1．黑光灯的结构

黑光灯是荧光检测必备的照明装置，它是由高压水银蒸气弧光灯、紫外线滤光片（或称黑光滤光片）和镇流器所组成的。黑光灯也称水银石英灯，高压水银蒸气弧光灯的结构如图 3-14 所示。灯内的石英内管充有水银和氖气，管内有两个主电极，一个辅助电极，辅助电极与其中一个主电极靠得很近。开始通电时，主电极与辅助电极首先通过氖气产生电极放电，由于限流电阻的作用，使放电电流相当小，但却足以使管内的水银蒸发。由于水银蒸发，导致两主电极之间产生电弧放电，这就表示黑光灯已开始点燃，但这时放电电压不稳定，一般要经 5～10min 后，电压才能

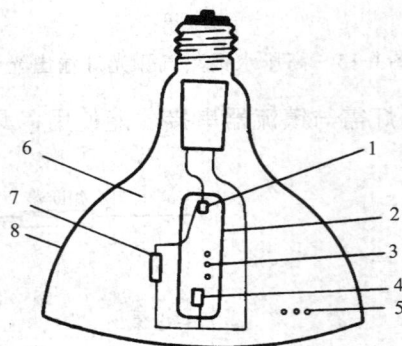

图3-14　高压水银蒸气弧光灯泡的结构

1、4—主电极　2—石英内管　3—水银和氖气
5—抽真空或充氮气或惰性气体　6—辅助电极
7—限流电阻　8—玻璃外壳

稳定。这时，管内水银蒸气压力可达 0.4～0.5MPa，所以，高压水银蒸气弧光灯也称高压水银蒸气灯，即高压不是指这种灯要接高压电源，而是指管内水银蒸气压力较高。

　　高压水银蒸气弧光灯输出的光谱范围很宽，如图 3-15 所示。除黑光外，尚有可见光和红外线。波长大于 390nm 以上的可见光会在工件上产生不良的衬底，使荧光显示不鲜明；330nm 以下的短波紫外线会伤害人的眼睛；而荧光检测中，需要波长为 365nm 的黑光束激发荧光，故需选择合适的滤光片，以滤去波长过短或过长的光线，常用于制作滤光片的材料是深紫色耐热玻璃，典型的 KOP P41 滤光片透射特性如图 3-16 所示，从图中可看出，这种滤光片仅让 330～390nm 波长的黑光通过，而不让其他波长的光线通过。目前生产的黑光灯大部分是将高压水银蒸气弧光灯的外壳直接用深紫色耐热玻璃制成，这种外壳起滤光的作用，从而使用时不必再装滤光片，这种带滤光片的灯泡也称黑光灯泡。我国生产的 GXF125 型 125W 黑光灯泡，其外形与图 3-14 相似，它的外壳就是用深紫色的耐热玻璃制成的，其形状呈锥形，且内壁镀水银，可起到反光聚光的作用，故有强的黑光输出。

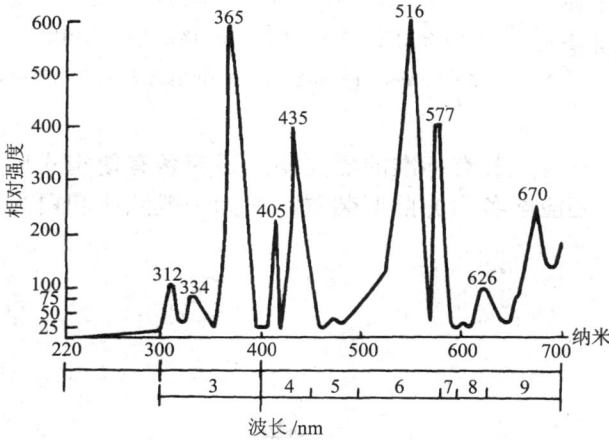

图3-15　高压水银蒸气弧光灯输出光谱　　　　图3-16　KOPP41滤光片的透射特性

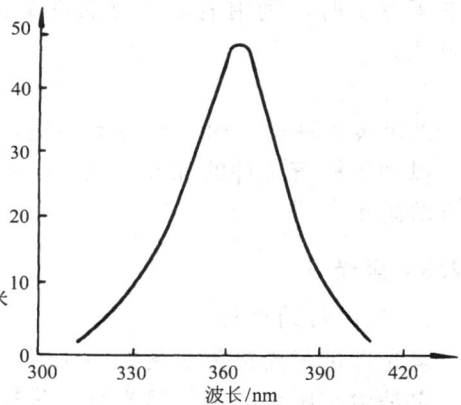

黑光灯需与镇流器串接才能使用，具体的接线方法如图 3-17 所示。

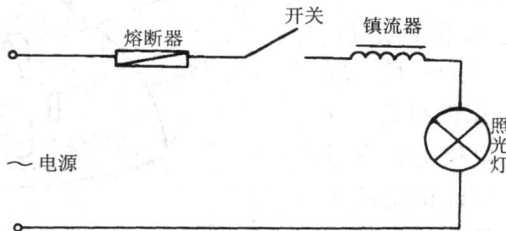

图3-17　黑光灯的接线图

　　镇流器的结构与日光灯镇流器一样，由铁芯和绕在上面的线圈组成。它是一种电感组件，在线路中起镇流作用。它在主辅电极放电和两主电极放电时都起阻止电流增加的作用，使放电电流趋于稳定，保护高压水银蒸气灯不致过载。由主辅电极放电转为两主

电极放电的一瞬间，主辅电极断电，在镇流器上产生一个阻止电流减少的反向电动势，这个反向电动势加到电源电压上，使两主电极之间的放电电压高于电源电压，有助于高压水银灯的点燃。

2．使用黑光灯时应注意的事项

1）使用时，应尽量减少不必要的开关次数。黑光灯点燃并稳定工作后，石英内管中的水银蒸气压力很高，如在这种状态下关闭电源时，则在断电的瞬间，镇流器上产生一个阻止电流减少的反向电动势，这个反向电动势加到电源的电压上，使两主电极之间的电玉高于电源电压，由于此时管内水银蒸气压力很高，会造成高压水银蒸气弧光灯处于瞬时击穿状态，从而减少灯的使用寿命。每断电一次，灯的寿命大约缩短 3h，为减少镇流器这一副作用，要尽量减少不必要的开关次数。通常每个班只开关一次，即黑光灯开启后，直到本班不再使用时才关闭。

2）在使用过程中，黑光灯的辐照度会不断降低，或出现辐照度变化的情况，为保证检测灵敏度，必须对黑光灯进行定期的校验。产生辐照度降低或变化的主要原因是：

① 黑光灯本身的质量差异。不同的黑光灯，其输出功率可能不相同，即使同一制造厂所生产的黑光灯，其输出功率也可能各不相同，两个灯泡本身的输出功率之差可高达 50%。

② 黑光灯所输出的功率与所施加的电压成正比，图 3-18 是一个 100W 黑光灯的输出功率随电压的改变而变化的曲线。从图中可知：额定电压为 100V 的灯泡在 120V 时可得到理想的输出功率，当电压下降至 105V 时，输出功率下降约 20%。

③ 随着使用时间的不断增加，黑光灯的输出功率不断降低，黑光灯在接近寿命终了时，输出功率可能下降至新灯的 25%。使用寿命是制造厂标定的，但实际使用时，由于开关次数的增加会大大降低黑光灯的使用寿命，加之灯泡装在灯罩和滤光片中，散热条件差，也使实际使用寿命降低。

④ 黑光灯上集积的灰尘将严重地降低黑光灯的输出功率。灰尘积聚严重时，会使输出功率降低一半。

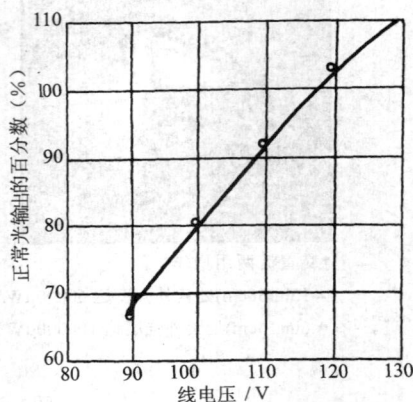

图3-18　100W 黑光灯的输出功率
随电压的改变而变化的曲线

⑤ 黑光灯的使用电压超过额定电压时，寿命会下降。例如额定电压 110V 的黑光灯，电压增加到 125～130V 时，每点燃一小时，寿命会减少 48 小时。

3　几种黑光灯介绍

目前市场上有多种黑光灯（也称紫外灯）产品可供选择，其型号不同，功能不同，分别适合于不同场合。如图 3-19 所示，这几款黑光灯是由美国 SP 公司生产，图 3-19d 款灯是一款超高强长波黑光灯，采用冷光源，即开/关，无需预热或冷却；可直接在日光下工作。

FC—100/F

*带冷却风扇
*15in(38cm)处紫外强度 5500μW/cm²

a)

SB—100 P/F

*经济型高强度紫外灯
*15in(38cm)处紫外强度 4800μW/cm²
*6in(15cm)处紫外强度 40000μW/cm²

b)

BIB—150 P/F

*自镇流紫外灯
*15in(38cm)处紫外强度 4500μW/cm²

c)

Maxima 3500

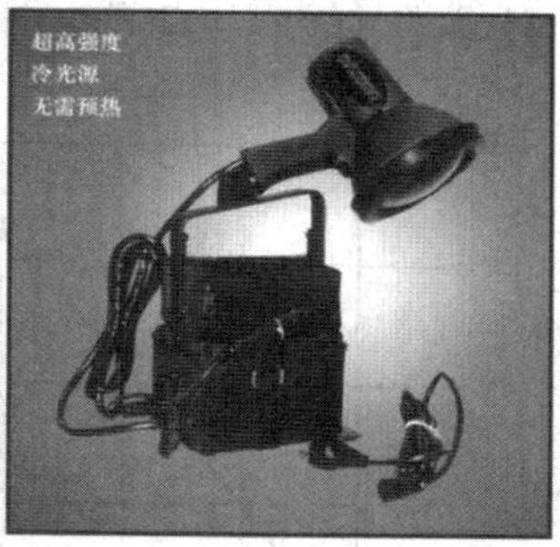

*交直流两用操作
＊15in(38cm)处紫外强度达 60000μW/cm²
＊6in(15cm)处紫外强度达 100000μW/cm²

d)

UV—400/F

*紫外照射面积可达 24in10in(61.0×25.0cm)
(38cm 处区域内强度高于 2000μW/cm²)
*15in(38cm)处中心紫外强度 6500μW/cm²

e)

图3-19　几种黑光灯

3.2.4　黑光辐照度检测仪和照度计

荧光渗透检测用的黑光辐照度检测仪有两种形式：一种是直接测量法，另一种是间接测量法。

1. **直接测量法**

直接测量法是使黑光灯直接辐射到距黑光灯一定距离处的光敏电池上，测得黑光辐射照度值，以μW／cm²来表示。这种黑光辐照度检测仪的结构见图 3-20。日本特涂公司的 UK－2500Ⅱ型、美国紫外线产品公司的 J－221 型、美国 SP 公司生产的 DM－365XA型、美国 DSE－100X/L 型和 DLM－1000 型以及我国的 UV－A 型都属于这种类型的仪器，它们均使用硅光敏电池。

2. **间接测量法**

间接测量法是使黑光辐射到一块荧光板上（荧光板是将荧光粉沾附在一块薄板上，

表面再涂一层透明的聚脂薄膜），激发荧光板发出黄绿色的荧光，黄绿色的荧光再照射到光电池上，使照度计指针偏转，指示出照度值，以勒克斯为刻度。照度计除可以测量黑光辐照度外，还可以用来比较荧光液的亮度。如我国生产的 BYL—1 型、英国阿贾克斯公司生产的 BCI95 型等都属于这一类型的仪器，该类仪器用于测量黑光辐照度时需在特定条件下进行，经过换算得出辐照度值。目前该类仪器只用于测量渗透液的荧光亮度，称为荧光亮度计。该类仪器的结构如图 3-21 所示。

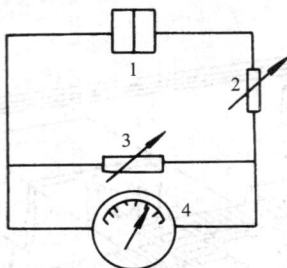
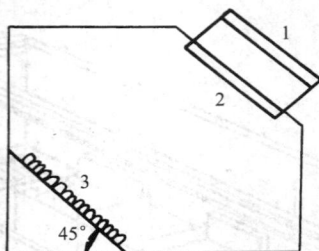

图3-20　黑光辐照度检测仪的结构示意图　　　　图3-21　荧光亮度计示意图

1—硅光电池　2—电位器　3—分流电阻　　　　1—照度计　2—带黄绿色滤光片的光敏电池　3—荧光板

4—电表（刻度：μW/cm²）

　　照度计用于测量被检工件表面的可见光照度，如 ST-85 型自动量程照度计和 ST—80 型照度计，它们均以勒克斯为刻度单位，量程是 $0\sim1.999\times10^5$ lx，分辨 0.1 lx。图 3-22 是几种照度计，其中图 3-22a 为紫外辐照度计；图 3-22b 为白光照度计；图 3-22 为黑白两用照度计。

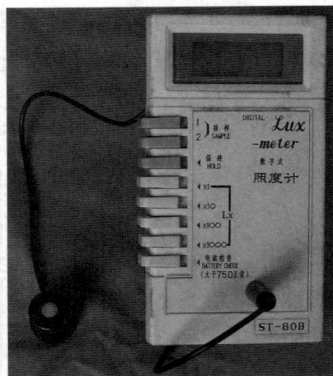
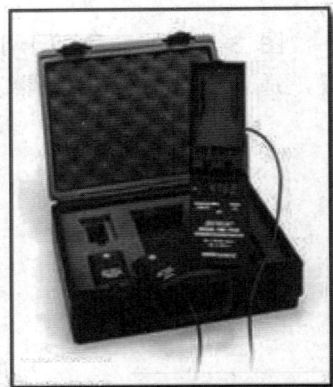

*数字显示紫外强度

*精确优于+/-5%，符合 NIST 标准

*电池操作

a）　　　　　　　　　　　　　　　　b）　　　　　　　　　　　　　c）

图3-22　照度计

a）紫外辐照度计　b）白光照度计　c）DSE-2000黑白两用照度计

3.2.5　渗透检测的整体装置

1. 渗透检测的整体装置及其特点

　　根据被检工件的大小、数量和现场的情况，将渗透检测的各种分离装置按检测工艺程序合理地排列，组成一个整体，即构成渗透检测的整体装置。整体装置占地面积小，

各部分连接紧凑，既适于连续的大批量中小型工件的渗透检测，也适于大型工件的检测，还便于进行自动检测，达到高效的目的。

2. 渗透检测的整体装置简介

常见的整体装置形式是多种多样的。排列形式有"一"字形、"L"字形和"U"字形等多种。工件可在滚道上传送，也可用吊车吊运，也可两者结合使用。图3-23是一种装有吊车和滚道的"L"形布置，适合于大型工件（如砂型铸件）的批量荧光检验。

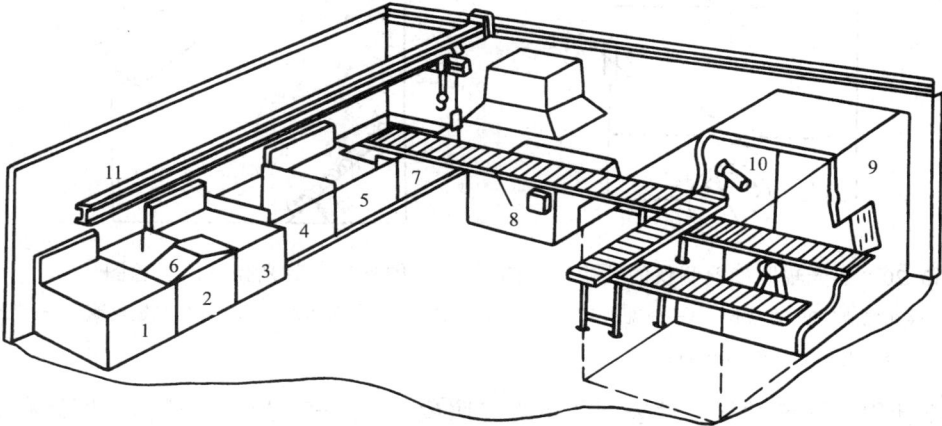

图3-23　L形排列的固定式荧光渗透检测流水线示意图

1—渗透槽　2—滴落槽　3—乳化槽　4—水洗槽　5—液体显像槽　6、7—滴落板

8—传输带　9—观察室　10—黑光灯　11—吊轨

图 3-24 是一种适于小型工件采用后乳化型荧光渗透-干粉显像的渗透检测整体装置，适合于叶片以及如螺钉、螺母等小型机加工件的批量渗透检测。

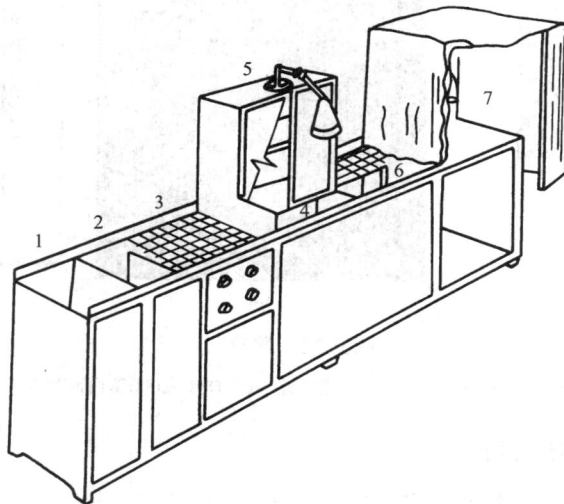

图3-24　后乳化型荧光渗透-干粉显像的渗透检测整体装置

1—渗透　2—乳化　3—滴落　4—水洗　5—干燥　6—显像　7—检验

图 3-25 是航空工件自动渗透检测系统的工艺流程图。在这自动渗透检测系统中，被检工件挂在吊钩上，吊钩与传送带连接，自动控制系统控制传送带的运行速度和停留点。工件首先进入预清洗工序，典型的序列是：碱洗、自来水洗，酸洗、自来水洗、去电离清洗。每一个化学处理工序的前后均备有一个空气闸，其作用是防止化学溶液污染。化学溶液和清洗水均采用多头喷嘴进行强喷，以加速清洗并去除工件表面的残留物。清洗时，要求化学溶液和清洗水均能到达整个工件的表面，因此，喷嘴的位置、数量以及射流的形状都是非常重要的，整个喷洗系统均由自动控制系统控制。预清洗过程结束以后，工件自动进入渗透液喷涂工序，静电喷枪把渗透液喷涂到工件表面上，形成均匀覆盖层。渗透时间由传送带的行进速度控制，渗透温度由温度自动调节系统控制。接着，工件由传送带送入去除工序，这里安装一列水喷头，为防止过清洗，必需通过实验确定合适的水温、水压、水洗时间和喷嘴的位置。表面多余渗透液去除后，工件被自动移送到热空气干燥工序，再进入显像剂的自动喷涂工序，最后进入观察室检验。这一检测系统的优点是实现自动化检测，工件自动地进入每一检测工序，每一工序的操作均受到自动控制，将人为误差降到最小，降低材料的损耗，降低劳动强度，提高工作效率。

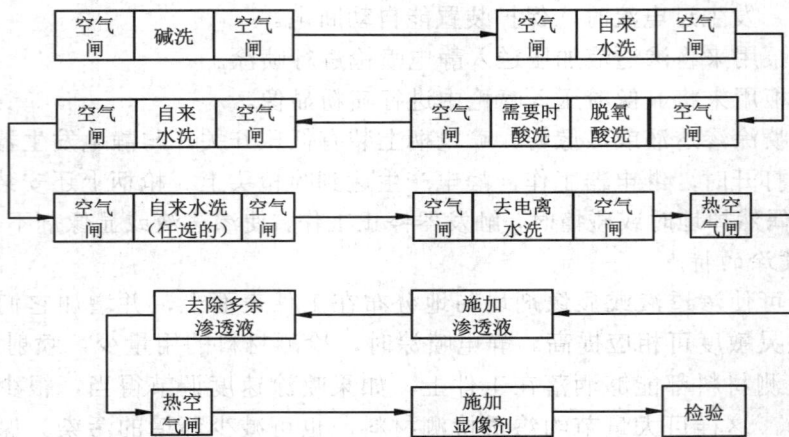

图 3-25　自动渗透检测系统的工艺流程图

为控制检测系统的检测质量，在检测过程中，须随带有已知裂纹或缺陷的工件，或者有人工缺陷的参考试块，进入自动检测系统，与被检工件一起进行检测。

又如美国贝洛利克斯研究所研制的一种叶片自动荧光检测装置，能自动操作，并能在黑光灯下用光导摄像管扫描，扫描数据由小型电子计算机直接处理，对被检工件作出合格与否的评定，自动分离和作出标记。

*3.2.3　静电喷涂装置

1．静电喷涂原理

检测大型工件时，常采用静电喷涂装置。静电喷涂的原理是在喷涂渗透液或显像剂

的喷嘴上，加上 60～100kV 的负电压，使喷出的渗透液或显像剂带负电，工件接地作为阳极，在高压静电场的作用下，使渗透液或显像剂吸附在距喷嘴最近的工件表面上，其原理如图 3-26 所示。

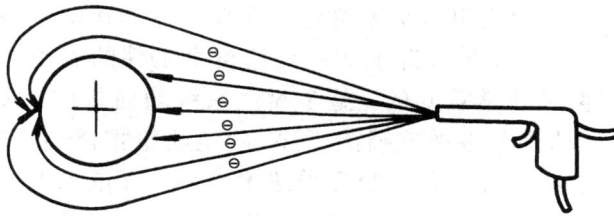

图3-26　静电喷涂法示意图

2. 静电喷涂装置

静电喷涂装置包括负高压发生器、高压空气泵、粉末漏斗柜、喷枪（包括渗透液喷枪和显像剂喷枪）等组成。

高压发生器的作用是供给渗透液喷枪或显像剂喷枪的负高压。发生器中装有过电流自动保护装置，发生过电流时，保护装置能自动断电。

高压空气泵用来将渗透液加压送入静电喷枪进行喷涂。

粉末漏斗柜用来将显像粉压入喷枪中进行喷粉显像。

喷枪用于喷涂渗透液或显像粉。喷枪柄上装有低压开关，与静电发生器上的继电器相连接，开关打开时，继电器工作，静电产生达到喷枪头上。枪柄上还安装有触发安全锁，以保证在偶然掉地时或碰撞时，触发器停止工作，使渗透液或显像剂不会喷射出来。

3. 静电喷涂的特点

静电喷涂可使渗透液或显像剂均匀地分布在工件表面上，并增加它们对工件表面的附着力，故灵敏度可相应提高。静电喷涂时，检测材料的用量少，喷射量中有 70% 以上的渗透检测材料都能够洒落在工件上，如果喷涂速度调节得当，很少有液滴或粉末飞出静电场，这样可大量节约渗透检测材料，也可减少环境的污染。保持工作场所的清洁。

静电喷涂往往在现场操作，工件不需移动，也不需要渗透液槽、显像粉柜等一系列的容器，渗透、水洗、显像和检查等各道工序均在同一地点进行，故占地面积少。

复 习 题

1. 简述铝合金淬火裂纹试块（A 型试块）、不锈钢镀铬裂纹试块（B 型试块）、黄铜镀铬裂纹试块（C 型试块）的特点及用途。

2. 选择自然裂纹试块时应掌握哪些原则？

3. 简述组合试块的特点及用途。

*4. 简述三氯乙烯除油装置的结构、工作原理及使用时应注意事项。

5．简述黑光灯的结构、点燃过程及使用时应注意事项。

6．黑光灯强度检测仪有哪几种形式？分别简述其作用原理。

*7．简述静电喷涂装置的工作原理。

第4章　渗透检测技术

4.1　渗透检测的基本步骤

不同类型的渗透液，不同的表面多余渗透液的去除方法与不同的显像方式，可以组合成多种的渗透检测方法。即使这些方法之间存在不少的差异，但无论何种方法，都是按照下述六个基本步骤进行的。这六个基本步骤是：预清洗、渗透、去除表面多余的渗透液、干燥、显像和检验。

4.1.1　表面准备和预清洗

1. 预清洗的意义及清洗范围

渗透检测操作中，最重要的要求之一是使渗透液能以最大限度渗入工件表面开口缺陷中去，以使检验人员能够在清晰的本底下识别出缺陷，工件表面的污染物将严重影响这一过程，所以，在施加渗透液之前，必须对被检工件的表面进行预清洗，以除去工件表面的污染物；对局部检测的工件，清洗的范围应比要求检测的部位大，国军标 GJB 2367A 和日本的 JIS Z 2343 等标准均规定：清洗范围应从检测部位四周向外扩展 25mm。总之，预清洗是渗透检测的第一道工序。在渗透检测器材合乎标准要求的条件下，预清洗是保证渗透检测成功的关键。

2. 污染物的种类及其对渗透检测的影响

被检工件常见的污染物包括：① 油、油脂；② 氧化物、腐蚀物、结垢、积碳层；③ 焊接飞溅、焊渣、铁屑、毛刺；④ 油漆及其涂层；⑤ 酸、碱；⑥ 水及水蒸发后留下的残留物。在进行渗透检测以前，这些污染物必须全部清除，因为这些污染物对渗透检测存在下列的影响：

1）污染物会妨碍渗透液对工件的润湿，妨碍渗透液渗入缺陷，严重时甚至会完全堵塞缺陷开口，使渗透液无法渗入；

2）缺陷中的油污会污染渗透液，从而降低显示的荧光强度或颜色强度；

3）在荧光检测时，最后显像是在紫蓝色的背景下显现黄绿色的缺陷影象，而大多数油类在黑光灯照射下都会发光（如煤油、矿物油发浅蓝色光），从而干扰真正的缺陷显示；

4）渗透液易保留在工件表面有油污的地方，从而有可能会把这些部位的缺陷显示掩盖掉；

5）渗透液容易保留在工件表面毛刺、氧化物等部位，从而产生不相关的显示；

6）工件表面上的油污被带进渗透液槽中，会污染渗透液，降低渗透液的渗透能力、荧光强度（或颜色强度）和使用寿命。

应当指出：对同一工件，进行磁粉检测以后再进行渗透检测是不合适的。对渗透检测

来说，湿磁粉也是一种污染物，特别是在强磁场的作用下，这时磁粉会紧密地堵塞住缺陷。而且，这些磁粉的去除是比较困难的，只有在充分进行退磁以后才能有效地去除。因此，对同一工件，如需同时进行磁粉检测和渗透检测，应先进行渗透检测，然后再进行磁粉检测。同样，如工件同时需要进行渗透检测和超声波检测，也应先进行渗透检测，然后再进行超声波检测。因为超声波检测所用的耦合剂，对渗透检测来说，它也是一种污染物。

3．表面准备和表面准备的方法

表面准备包括清理和清洗，其目的是为了去除被检工件表面上妨碍渗透检测的污染物，表面准备时，应视污染物的种类和性质，选择不同的清理和清洗方法。常用的方法有如下几种：

（1）机械清理

1）机械清理的适应性和方法。当工件表面有严重的锈蚀，飞溅、毛刺、涂料等一类的覆盖物时，应首先考虑采用机械清理的方法，常用的方法包括振动光饰、抛光、喷砂、喷丸、钢丝刷、砂轮磨及超声波清洗等。

振动光饰适于去除轻微的氧化物、毛刺、锈蚀、铸件型砂或磨料等，但不适于铝、镁、钛等软金属材料。

抛光适于去除工件表面的积碳、毛刺等。

吹砂和喷丸适于去除氧化物、焊渣、铸件型砂、模料、喷涂层、积碳等。

砂轮磨和钢丝刷适用于去除氧化物、熔剂、铁屑、焊接飞溅、毛刺等。

超声波清洗是利用超声波的机械振动，去除工件表面的油污，它常与洗涤剂或有机溶剂配合使用。适于小批量零件的清洗。

2）机械清理应注意的事项。采用机械清理时，对喷丸、吹砂、钢丝刷及砂轮磨等方法的选用应格外慎重。因为这些方法易对工件表面造成损坏，特别是表面经研磨过的工件及软金属材料（如铜、铝、钛合金等）更易受损。同时，这类机械方法还有可能使工件表面层变形，如变形发生在缺陷开口处，很可能造成开口闭塞，渗透液难以渗入；另一方面，采用这些机械方法清理污物时，所产生的金属粉末，砂末等也可能堵塞缺陷，从而造成漏检。所以，经机械处理的工件，一般在渗透检测前应进行酸洗或碱洗。焊接件和铸件吹砂后，可不酸洗或碱洗而进行渗透检测，精密铸造的关键部件如涡轮叶片，吹砂后必须酸洗方能渗透检测。

（2）化学清洗

1）化学清洗的适应性和方法。化学清洗主要包括酸洗和碱洗，酸洗是用硫酸、硝酸或盐酸来清除工件表面的铁锈（氧化物）；碱洗是用氢氧化钠、氢氧化钾来清除工件表面的油污、抛光剂、积碳等，碱洗多用于铝合金。对某些在役的零部件，其表面往往会有较厚的结垢，油污，锈蚀物等，如采用溶剂清洗，不但不经济而且还往往难以清洗干净。所以，可以先将污物用机械方法清除后，再进行酸洗或碱洗。还有那些经机械加工的软金属工件，其表面的缺陷很可能因塑性变形而被封闭，这时，也可以酸碱浸蚀而使缺陷开口重新打开。表 4-1 列出一些浸蚀液的配方，供参考。浸蚀时，要注意严格控制浸蚀时间。

2）化学清洗的程序及应注意事项。化学清洗的程序如下：

酸洗（或碱洗）→水淋洗→烘干。

酸洗（或碱洗）要根据被检金属材料、污染物的种类和工作环境来选择。同时，由于酸、碱对某些金属有强烈的侵蚀作用，所以在使用时，对清洗液的浓度、清洗的时间都应严格控制，以防止工件表面的过腐蚀。高强度钢酸洗时，容易吸进氢气，产生氢脆现象。因此在清洗完毕后，应立刻在合适的温度下烘烤一定的时间，以去除氢气。另外，无论酸洗或碱洗，都应对工件进行彻底的水淋洗，以清除残留的酸或碱。否则，残留的酸或碱不但会腐蚀工件，而且还能与渗透液产生化学反应而降低渗透液的颜色强度或荧光强度。清洗后还要烘干，以除去工件表面和可能渗入缺陷中的水分。

表 4-1　酸洗、碱洗液配方及适用范围

名　　　称	配　　　方		温　　度	适 用 范 围	备　　注
酸洗液	硫酸 铬酐 氢氟酸 加水至	100ml 40ml 10ml 1L	室温	钢工件	中和液： 氢氧化铵：75% 水：25%
	硝酸 氢氟酸 水	80% 10% 10%	室温	不锈钢工件	
	盐酸 硝酸 氢氟酸 （按体积比）	80% 13% 7%	室温	镍基合金工件	
碱洗液	氢氧化钠6g 水	1000ml	70～77℃	铝合金铸件	中和液： 硝酸：25% 水：75%
	氢氧化钠10% 水	90%	77～88℃	铝合金铸件	

（3）溶剂清洗　溶剂清洗包括溶剂液体清洗和溶剂蒸气除油等方法。它们主要用于清除各类油、油脂及某些油漆。

溶剂液体清洗通常采用汽油、醇类（甲醇、乙醇）、苯、甲苯、三氯乙烷、三氯乙烯等溶剂清洗或擦洗。常应用于大工件局部区域的清洗。近几年来，从节约能源及减少环境污染出发，国内外均已研制出一些新型清洗剂、洗洁剂等，例如金属清洗剂。这些清洗剂对油、脂类物质有明显的清洗效果，并且在短时间内可保持工件不生锈。

溶剂蒸气除油通常是采用三氯乙稀蒸气除油，它是一种最有效又最方便的除油方法。

三氯乙烯是一种无色、透明的中性有机化学溶剂，具有比汽油大得多的溶油能力。加温使其处于蒸气状态时，溶油能力更强，因此，它是一种极好的除油剂。三氯乙烯比重大，沸点为86.7℃，蒸气密度可达 4.54g/l，因而易形成蒸气区进行蒸气除油。这种除油方法操作方便，只需将工件放入蒸气区中，三氯乙烯蒸气便迅速在工件表面上冷凝，从而将工件表面上的油污溶解掉。在除油过程中，工件表面温度不断上升，当达到蒸气温度时，除油也就结束了。

三氯乙烯在使用过程中受热、光、氧的作用易分解而呈酸性。因此，使用中要经常测量酸度值，避免三氯乙烯因呈酸性而腐蚀工件。钛合金工件容易与卤族元素起作用，产生腐蚀裂纹。因此，当采用三氯乙稀对钛合金工件进行除油时，必须添加特殊抑制剂，并且在除油前必须进行热处理，以消除应力。此外，橡胶、塑料或涂漆的工件不能采用

三氯乙烯进行除油。因为这些工件会受到三氯乙烯的破坏。铝、镁合金工件在除油后，容易在空气中锈蚀，应尽快浸入渗透液中。应该特别指出的是：工件表面上水的污染是极其有害的，我们知道：大部分渗透液与水是不相溶的，缺陷中的水将严重阻碍渗透液的渗入。对水洗型渗透液，虽然它与水能相溶，但它存在一个溶水极限，超过这个极限，渗透液的性能会明显下降。三氯乙烯蒸气除油法不仅能有效地去除油污，还能加热工件，保证工件表面和缺陷中水分被蒸发干净，有利于渗透液的渗入。

4.1.2　渗透

1. 渗透的目的

渗透是把渗透液覆盖在被检工件的检测表面上，让渗透液能充分地渗入到表面开口的缺陷中去。

2. 渗透液的施加方法

施加渗透液的常用方法有浸涂法、喷涂法、刷涂法和浇涂法等。可根据工件的大小、形状、数量和检查的部位来选择。

1）浸涂法：把整个工件全部浸入渗透液中进行渗透，这种方法渗透充分，渗透速度快，效率高，它适于大批量的小工件的全面检查。

2）喷涂法：可采用喷罐喷涂，静电喷涂、低压循环泵喷涂等方法，将渗透液喷涂在被检部位的表面上。喷涂法操作简单，喷洒均匀，机动灵活，它适于大工件的局部检测或全面检测。

3）刷涂法：采用软毛刷或棉纱布、抹布等将渗透液刷涂在工件表面上。刷涂法机动灵活，适应于各种工件，但效率低，常用于大型工件的局部检测和焊缝检测，也适于中小型工件小批量检测。

4）浇涂法：也称为流涂，是将渗透液直接浇在工件的表面上，适于大工件的局部检测。

3. 施加渗透液时的基本要求

无论采用上述的何种施加方法，都应保持被检部位完全被渗透液所覆盖，并在整个渗透时间内保持润湿状态，不能让渗透液干在工件的表面上，如果渗透液干在工件表面上，则将失去渗透作用并造成以后的清洗困难。

对有盲孔或内通孔的工件，渗透前，应尽可能将孔洞口用橡皮塞塞住或胶纸粘住，防止渗透液渗入而造成清洗困难。

4. 渗透的时间及温度控制

渗透时间是指施加渗透液到开始乳化处理或清洗处理之间的时间。它包括滴落（采用浸涂法时）的时间，具体是指施加渗透液的时间和滴落时间的总和。采用浸涂法施加渗透液后需要进行滴落，以减少渗透液的损耗，也减少渗透液对乳化剂的污染。因为渗透液在滴落的过程中仍继续保留渗透作用。所以滴落时间是渗透时间的一部分，渗透时间又称接触时间或停留时间。

渗透时间的长短应根据工件和渗透液的温度、渗透液的种类、工件种类、工件的表面状态、预期检出的缺陷大小和缺陷的种类等来确定。渗透时间要适当，不能过短，也不宜太长，时间过短，渗透液渗入不充分，缺陷不易检出；如时间过长，渗透液易干涸，清洗

困难,灵敏度低,工作效率也低。一般规定:温度在 10~50℃ 范围时,渗透时间为 10~30min。但对某些微小的裂纹,例如应力腐蚀裂纹,所需的渗透时间较长,有时甚至可达几小时。

渗透温度一般控制在 10~50℃ 的范围内,温度过高,渗透液容易干在工件表面上,给清洗带来困难,同时,渗透液受热后,某些成分蒸发,会使其性能下降。温度太低,将会使渗透液变稠,使动态渗透参量受到影响,因而必须根据具体情况适当增加渗透时间,或把工件和渗透液预热至 10~50℃ 的范围,然后再进行渗透。GJB2367A 标准规定:在 10~50℃ 范围内,渗透时间不得少于 10min;在 5~10℃ 范围内,渗透时间不得少于 20min,当温度不能满足上述条件时,应对操作方法进行修正。表 4-2 列出美国军用指令 33B-1-1 所推荐的渗透时间,供参考。

表 4-2　关于荧光和着色渗透液最少渗透时间的技术说明

材　料	成　形	裂纹类型	I 型和 II 型,方法 A,可水洗渗透时间 / min(a)	I 型和 II 型,方法 B 和 D,后乳化渗透时间 / min(a)
铝	铸造	气　孔	5~10	5[①]
		冷　隔	5~15	5
	挤压和锻压	折　叠	NR[(3)]	10
	焊接	未熔合	30	5
		气　孔	30	5
	各种状态	裂　纹	30	5
	各种状态	疲劳裂纹	NR[③]	5
镁	铸造	气　孔	15	5[②]
		冷　隔	15	5[②]
	挤压和锻压	折　叠	NR[③]	10
	焊接	未熔合	30	10
		气　孔	30	10
	各种状态	裂　纹	30	10
	各种状态	疲劳裂纹	NR[③]	30
不锈钢	铸造	气　孔	30	10[②]
		冷　隔	30	10[②]
	挤压和锻压	折　叠	NR[③]	10
	焊接	未熔合	30	20
		气　孔	30	20
	各种状态	裂　纹	30	20
	各种状态	疲劳裂纹	NR[③]	20
黄铜和青铜	铸造	气　孔	10	5[②]
		冷　隔	10	5[②]
	挤压和锻压	折　叠	NR[③]	10
	铜焊部件	未熔合	15	10
		气　孔	15	10
	各种状态	裂　纹	30	10
	各种状态	裂　纹	5~30	5
玻璃	各种状态	裂　纹	5~30	5
硬质含金刀具		未熔合	30	5
		气　孔	30	5
		裂　纹	30	20
钛和高温合金	各种状态	NR[③]	20~30	
各种金属	各种状态	应力或晶间腐蚀	NR[③]	24h(MA-5渗透剂)

　① 温度不低于 15℃(60F)的零件;② 仅为精密铸造零件;③ 不推荐。来源:美国军用技术令 33B-1-1。

4.1.3　去除表面多余的渗透液

1. 去除表面多余的渗透液的目的和要求

这一操作步骤是将被检工件表面多余的渗透液去除干净，达到改善背景，提高信噪比的目的。在理想状态下，应当全部去除工件表面多余的渗透液而保留已渗入缺陷中的渗透液，但实际上，这是较难做到的，故检验人员应根据检查的对象，尽力改善工件表面的信噪比，提高检验的可靠性，多余渗透液去除的关键是保证不过洗而又不能清洗不足，这一步骤在一定的程度上需凭操作者所掌握的经验。

2. 去除表面多余的渗透液的方法和注意事项

水洗型渗透液可直接用水去除；亲油性后乳化型渗透液应先乳化，然后再用水去除；亲水性后乳化型渗透液应先进行预水洗，然后乳化，最后再用水去除；溶剂清洗型渗透液用溶剂擦拭去除。

（1）水洗型渗透液的去除　水洗型渗透液的去除主要有 4 种方法，即手工水喷洗、手工水擦洗、自动水喷洗和空气搅拌水浸洗。空气搅拌水浸洗法仅适于对灵敏度要求不高的检测。

采用手工水喷洗和自动水喷洗时，宜采用 20℃左右的水喷洒，原则上，水温不宜低于 10℃，也不宜高于 40℃，水压不得大于 0.27MPa，喷枪嘴与工件表面的间距不小于300mm，如采用气-水混合喷洗，空气压力应不大于 0.17MPa。喷洗时，既不能采用实心水流冲洗，更不能将工件浸泡于水中。水洗型荧光渗透液用水喷洗时，应由下往上进行，以避免留下一层难以去除的荧光薄膜，水洗型渗透液中含有乳化剂，所以，如水洗时间长、水洗温度高、水压过高、都有可能把缺陷中的渗透液清洗掉，造成过清洗。水洗时间应在得到合格背景前提下，愈短愈好。水洗时应在白光（对着色渗透液）或黑光（对荧光渗透液）下监视。

采用手工水擦洗时，首先用清洁而不起毛的擦拭物（棉织品、纸等）擦去大部分多余渗透液，然后用被水润湿的擦拭物擦拭。应当注意：擦拭物只能用水润湿，不能过饱和，以免造成过清洗。最后将工件表面用清洁而干燥的擦拭物擦干，或者自然风干。

采用空气搅拌水浸洗时，水温应控制在 10～50℃范围内，并始终保持水的良好循环。

（2）后乳化型渗透液的去除　亲油性后乳化型渗透液需要经乳化处理以后才能用水清洗，乳化处理是使表面油性渗透液被乳化，遇水形成乳化液而被水清洗掉，缺陷处的渗透液由于未被乳化而保留完好。去除亲水性后乳化型渗透液时，采用亲水性乳化剂，其去除程序是：预水洗→乳化→最终水洗。

乳化前，先用水预清洗，预清洗的目的是尽可能去除附着于被检工件表面的多余渗透液，以减少乳化量，同时也可减少渗透液对乳化剂的污染，延长乳化剂的寿命。可采用压缩空气/水喷枪或浸入水中清洗等措施进行预水洗。对水基乳化剂，一般采用水喷法清除多余渗透液，但水压一般不超过 0.27MPa，水温不超过 40℃，时间应控制在尽量短的范围内。预清洗时，应特别注意工件上的凹槽、盲孔和内腔等容易保留渗透液等部

位。

预清洗后再进行乳化，施加乳化剂时要力求均匀，只能用浸涂、浇涂和喷涂。不能用刷涂，因为刷涂不均匀，乳化时间也不易控制，还有可能将乳化剂带进缺陷而引起过乳化。

工件从乳化槽中取出后，应进行滴落，滴落时间是乳化时间的一部分，即乳化时间等于施加乳化剂的时间和滴落时间的总和。

亲油性后乳化型渗透液的去除应采用亲油性乳化剂，工艺程序与亲水性后乳化型渗透液的去除的工艺程序和操作上均略有不同，渗透完毕以后，不需预水洗而直接施加乳化剂；施加乳化剂时，只能用浸涂和浇涂，不能用喷涂，因为亲油性乳化剂粘度太大；在浸涂乳化剂过程中，不应翻动工件或搅动工件表面的乳化剂。

乳化剂的浓度对乳化效果好坏有很大影响，GJB 2367A 标准规定：乳化剂的使用浓度应符合材料生产厂家的推荐值。对亲水性乳化剂，采用浸涂法时，乳化剂的浓度一般不超过 35%（体积分数），采用喷涂法时，乳化剂的浓度一般不超过 5%（体积分数）；亲油性乳化剂不需用水稀释而直接使用。

乳化效果好坏与乳化时间密切相关，乳化时间太短，会因乳化不足而清洗不干净；时间过长，易引起过乳化，使灵敏度降低。原则上，在允许的背景的前提下，乳化时间应尽量短。乳化时间取决于乳化剂的性能、乳化剂的浓度、乳化剂受污染的程度、渗透液的种类以及工件表面的粗糙度，因此，必需根据具体情况，通过试验选择最佳的乳化时间。GJB 2367A 标准规定：通常使用水基乳化剂的乳化时间不超过 2min；如采用油基乳化剂，荧光渗透检测的乳化时间在 3min 内，着色渗透检测的乳化时间在 0.5min 内。也可采用材料生产厂家推荐的乳化时间。

应当指出：在实际使用过程中，还要根据乳化剂因受到污染而使乳化能力下降的具体情况，不断地修改乳化时间，当乳化时间增加到新乳化剂的乳化时间一倍以上还达不到乳化效果时，则应更换乳化剂。

乳化温度的控制也很重要，温度太低，乳化能力下降，可加温后使用。原则上，乳化温度应根据乳化剂制造厂商推荐的温度，一般在 21～32℃ 的范围内，使用效果较好。

乳化完成后，应马上浸入温度不超过 40℃ 搅拌水中清洗，以迅速停止乳化剂的乳化作用，最后再进行最终水洗。最终水洗应在白光或黑光灯下进行，以控制清洗质量，若发现清洗不干净，说明乳化时间不足，此时应进行烘干，重新进行渗透检测的全过程，并增加乳化时间，以达到合格的清洗背景；但对要求不高的工件检测，可直接将工件再次浸入乳化剂中补充乳化，以减少背景。只要乳化时间合适，最终水洗可按水洗型渗透液的去除方法进行，虽不必像水洗型渗透液所要求的那样严格，但仍应在尽量短的时间内清洗完毕。

（3）溶剂去除型渗透液的去除　其方法是先用不脱毛的布或纸巾擦拭去除工件表面多余渗透液，然后再用沾有去除剂的干净不脱毛的布或纸巾擦拭，直至将被检表面上多余的渗透液全部擦净。擦拭时必须注意：应按一个方向擦拭，不得往复擦拭；擦拭用的布或纸巾只能被去除剂润湿，不能过饱和，更不允许用清洗剂直接在被检面上冲洗，因

为流动的溶剂会冲掉缺陷中的渗透液，造成过清洗；去除时应在白光（着色渗透检测）或黑光（荧光渗透检测）下监视去除的效果。

3. 去除表面多余渗透液的方法与从缺陷中去除渗透液的可能性的关系

图 4-1 表示采用不同的去除表面多余渗透液的方法与从缺陷中去除渗透液的可能性的关系。从图中看出：用不沾溶剂的干净布擦除时，缺陷中的渗透液保留最好，溶剂清洗法最差。

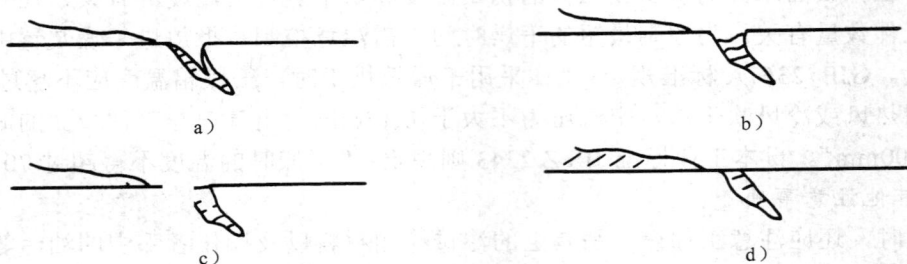

图4-1　去除方法与从缺陷中去除掉渗透液的可能性的关系示意图
a）溶剂清洗　b）水洗渗透液的水洗　c）后乳化渗透液的去除　d）干净干布擦除

4.1.4　干燥

1. 干燥的目的和时机

干燥处理的目的是除去工件表面的水分，使渗透液能充分地渗进缺陷或被回渗到显像剂上。

干燥的时机与表面多余渗透液的清除方法和所使用的显像剂密切相关。原则上，当采用溶剂去除工件表面多余的渗透液时，不必进行专门的干燥处理，只需自然干燥 5～10min 即可。用水清洗的工件，如采用干粉显像或非水基湿显像剂（如溶剂悬浮型湿显像剂），则在显像之前，必须进行干燥处理。若采用水基湿显像剂（如水悬浮型显像剂），水洗后直接显像，然后再进行干燥处理。

2. 常用的干燥方法

干燥的方法可用干净的布擦干、压缩空气吹干，热风吹干、热空气循环烘干装置烘干等方法。实际应用中，常将多种干燥方法结合起来使用。例如，对于单件或小批量工件，经水洗后，可先用干净的布擦去表面明显的水分，再用经过过滤的清洁干燥的压缩空气吹去工件表面的水分，尤其要吹去盲孔、凹槽、内腔部位及可能积水部位的水分，然后再放进热空气循环干燥装置中干燥。这样做，不但效果好，而且效率高。

为加快烘干的速度，也可采用"热浸"技术，所谓"热浸"技术，就是将工件洗净以后，短时间地在 80～90℃ 的热水中浸一下。采用这种方法可提高工件的初始温度，从而加快烘干的速度，但因它对工件具有一定的清洗作用，故仅用于预清洗中，在去除工件表面多余的渗透液后，一般不推荐使用；如需采用，为确保不因"热浸"造成过清洗，因而要求"热浸"时要严格控制时间，表面光洁的机加工工件不允许进行"热浸"。

3. 干燥的时间和温度控制

干燥时应注意温度不宜过高，时间也不宜过长，否则会将缺陷中的渗透液烘干，造成施加显像剂后，缺陷中的渗透液不能吸附到工件表面上来，从而不能形成缺陷显示，使检测失败。允许的最高干燥温度与工件的材料和所用的渗透液有关。正确的干燥温度应通过试验确定。例如：金属材料的干燥温度一般不超过 80℃，塑料材料通常在 40℃ 以下。干燥时间越短越好，一般规定不宜超过 10min，干燥时间与工件材料、尺寸、表面粗糙度、工件表面水分的多少、工件的初始温度和烘干装置的温度等有关，还与每批被干燥的工件数量有关。为控制最短的干燥时间，需注意控制每批放进干燥装置中去的工件的数量。GJB 2367A 标准规定："如采用干燥箱烘干时，干燥箱温度应不超过 70℃"。"如采用热风或冷风吹干法，空气压力不大于 0.17MPa，出气口与工件表面的间距均不应小于 300mm"。日本工业标准 JIS Z 2343 则规定："干燥时的温度不得超过 70℃"。

4. 其他注意事项

干燥时，还应注意工件筐、吊具上的渗透检测材料以及操作者手中的油污等对工件造成的污染，以免产生虚假的显示或掩盖显示。为防止污染，应将干燥前的操作和干燥后的操作隔离开来。例如：将渗透和清洗时的吊具与干燥时的吊具分开使用等。

4.1.5 显像

1. 显像过程

显像过程是指在工件表面施加显像剂，利用毛细作用原理将缺陷中的渗透液吸附至工件表面上，从而形成清晰可见的缺陷显示图像的过程。

2. 显像方法

常用的显像方法有干式显像、速干式显像、湿式显像和自显像等几种。

（1）干式显像 干式显像也称干粉显像，主要用于荧光法。它是在清洗并干燥后的工件表面上施加干粉显像剂的过程，施加的时机应在干燥后立即进行，因为热工件能得到较好的显像效果。施加干粉显像剂的方法有许多种，如采用喷枪或静电喷粉显像，也可采用将工件埋入干粉中显像，但最好方法是采用喷粉柜进行喷粉显像。这种方法是将工件放置于粉末柜中，用经过滤的干净干燥压缩空气或风扇，将显像粉吹扬起来，呈粉曝状，将工件包围住，在工件上均匀地覆盖一薄层显像粉。一次喷粉可显像一批工件。经干粉显像的工件，检查后，显像粉的去除很容易。

（2）非水基湿显像 非水基湿显像一般采用压力喷罐喷涂，喷涂前，必须摇动喷罐中的珠子，使显像剂搅拌均匀，喷涂时要预先调节，调节到边喷涂边形成显像薄膜的程度；喷嘴距被检表面的距离约为 300～400mm，喷洒方向与被检面的夹角为 30°～40°。非水基湿显像有时也采用刷涂或浸涂。刷涂时，所使用的刷笔要干净，一个部位不允许往复刷涂多次；浸涂时要迅速，以免缺陷内的渗透液被浸洗掉。

（3）水基湿显像 水基湿显像可采用浸涂、流涂或喷涂等方法。在实际应用中，大多数采用浸涂。在施加显像剂之前，应将显像剂搅拌均匀，涂覆后，要进行滴落，然后再在热空气循环烘干装置中干燥。干燥的过程就是显像的过程。对悬浮型水基湿显像剂，为防止显像剂粉未沉淀，在浸涂过程中，还应不定时地搅拌。

3．显像的时间和温度控制

显像的时间和温度应控制在规范规定的范围内，显像时间不能太长，也不能太短。显像时间太长，会造成缺陷的显示被过度放大，使缺陷图像失真，降低分辨力；而时间过短，缺陷内的渗透液还没有被吸附出来形成缺陷显示，将造成缺陷漏检。所谓显像时间，在干粉显像法中，是指从施加显像剂到开始观察的时间；在湿式显像法中，是指从显像剂干燥到开始观察的时间。显像时间与荧光强度有关，其关系如图 4-2 所示，从图 4-2 中我们还可看出：在开始显像时，缺陷显示的荧光强度随显像时间的增加而增加，约在 10min 左右时达到最佳点，

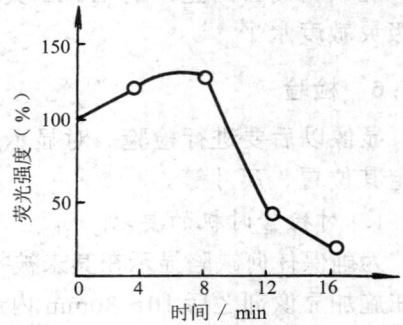

图4-2　显像时间与荧光强度的关系

此后，随着时间的增加而下降。综上所述，显像时间必须严加控制。原则上，显像时间取决于显像剂和渗透液的种类、缺陷大小以及被检件的温度。GJB 2367A 标准规定：干粉显像时间 10min；非水基湿显像的显像的时间 10～60min；水基湿显像的显像时间 10～120min。

4．显像剂覆盖层控制

施加显像剂时，应使显像剂在工件表面上形成圆滑均匀的薄层，并以能覆盖工件底色为度。

应注意不要使显像剂覆盖层太厚。如太厚，会把显示掩盖起来，降低检测灵敏度；但如覆盖层太薄，则不能形成显示。

5．干粉显像和湿式显像比较

干粉显像和湿式显像相比，干粉显像只附着在缺陷的部位，即使经过一段时间后，缺陷轮廓图形也不散开，仍能显示出清晰的图像，所以使用干粉显像时，可以分辨出相互接近的缺陷。另外，通过缺陷的轮廓图形进行等级分类时，误差也较小。相反，湿式显像后，如放置时间较长，缺陷显示图像会扩展开来，使形状和大小都发生变化，但湿式显像剂易于吸附在工件表面上形成覆盖层，有利于形成缺陷显示并提供良好的背景，对比度较高。

6．显像剂的选择原则

渗透液不同，工件表面状态不同，所使用的显像剂也不同。就荧光渗透液而言，光洁表面应优先选用溶剂悬浮显像剂，粗糙表面优先选用干式显像剂，其他表面优先选用溶剂悬浮显像剂，然后是干式显像剂，最后考虑水悬浮显像剂。就着色渗透液而言，对任何表面状态，都应优先选用溶剂悬浮显像剂，然后是水悬浮显像剂。

7．自显像方法

对一些灵敏度要求不高的检验，如铝、镁合金砂型铸件，陶瓷件等，常采用自显像法的检验工艺，即在干燥后，不进行显像，停留 10～120min，待缺陷中的渗透液重新蔓延至工件表面后再进行检查。为保证足够的灵敏度，通常采用较高一等级的渗透液。并在较强的黑光灯下检验。自显像法省掉显像操作，简化了工艺，节约检验费用。同时因

观察到的缺陷显示与真实缺陷的尺寸相仿，无放大的现象，所以测定的缺陷尺寸精度较高。北京德高公司生产的 ZY22 荧光渗透液就是专门应用于自显像工艺，灵敏度可达到中级灵敏度水平。

4.1.6 检验

显像以后要进行检验，对显示应进行解释，判别其真伪，对判定为缺陷的显示，应测定其位置、尺寸等。

1. 对检验时机的要求

为确保任何缺陷显示在其未被扩展得太大之前得到检查，原则上，缺陷显示的观察，应在施加显像剂之后 10～30min 内进行。如显示的大小不发生变化，则可超过上述时间。

2. 检验时对光源的要求

检验时，工作场地应保持足够的照度，这对于提高工作效率，使细微的缺陷能被观察到，确保检测灵敏度是非常重要的。

着色检测应在白光下进行，显示为红色图像。GJB 2367A 标准规定："在被检工件表面上的白光照度应不少于 1000 lx。"CB/T 3958 标准规定："在被检工件表面上的白光照度应不少于 500 lx。"试验测定：80W 荧光灯管在距光源 1m 处时照度约为 500 lx。

荧光检测应在暗室内的紫外灯下进行观察，显示为明亮的黄绿色图像。为确保足够的对比率，要求暗室应足够暗，暗室内白光照度不应超过 20 lx。被检工件表面的黑光辐照度应不低于 $1000\mu W/cm^2$。如采用自显像工艺，则应不低于 $3000\mu W/cm^2$。检验台上应避免放置荧光物质，因在黑光灯下，荧光物质发光会增加白光的强度，影响检测灵敏度。

3. 检验时注意事项

1）检验人员进入暗室后，在检验工件前，应至少有 1min 的暗适应时间，使眼睛适应暗室的条件。在暗室里检验，检验者的眼睛很容易疲劳，这就要求检验员在暗室里连续检验的时间不能太长，否则会影响缺陷的检出率。检验时，黑光不能直射或反射到检验者的眼睛，虽然黑光对人的细胞组织和眼睛没有永久性的伤害，但黑光可使人的眼球发荧光，人眼被照射后，会出现模糊的感觉，加速检验者眼睛的疲劳，从而影响检验的质量。

2）检验人员在观察过程中，当发现的显示需要判别其真伪时，可用干净的布或棉球沾一点酒精，擦拭显示部位，如果被擦去的是真实的缺陷显示，则擦拭后，显示能再现，若在擦拭后撒上少许的显像粉末，可放大缺陷显示，提高微小缺陷的重现性；如果擦去后显示不再重现，一般都是虚假显示。对于特别细小或仍有怀疑的显示，可用 5～10 倍的放大镜进行放大辨认。若因操作不当，真伪缺陷实在难以辨别时，应重复全过程进行重新检测。当确定为缺陷显示后，还要进一步确定缺陷的性质、长度和位置。

3）检验后，工件表面上残留的渗透液和显像剂，原则上应去除。钢制工件只需用压缩空气吹去显像粉末即可，但对铝、镁、钛等合金工件，则应在煤油中清洗，以免造成腐蚀。

4）渗透检测一般不能确定缺陷的深度，但因为深的缺陷所回渗的渗透液多，故有时可以根据这一现象粗略地估计缺陷的深浅。

4.2　典型渗透检测方法

渗透检测方法主要可归纳为水洗型渗透检测法、后乳化型渗透检测法和溶剂去除型渗透检测法，以及一些特殊的渗透检测方法。

4.2.1　水洗型渗透检测方法

1. 水洗型渗透检测方法的操作程序

水洗型渗透检测方法是目前广泛使用的方法之一，表面多余渗透液可直接用水冲洗掉。它包括水洗型着色法和水洗型荧光法。荧光法的显像方式有干式、速干式、湿式和自显像等几种。着色法的显像方式有速干式、湿式两种，一般不用干式和自显像，因为这两种显像方法均不能形成白色背景，对比度低，故灵敏度太低。

水洗型渗透检测方法的操作程序框图如图 4-3 所示。

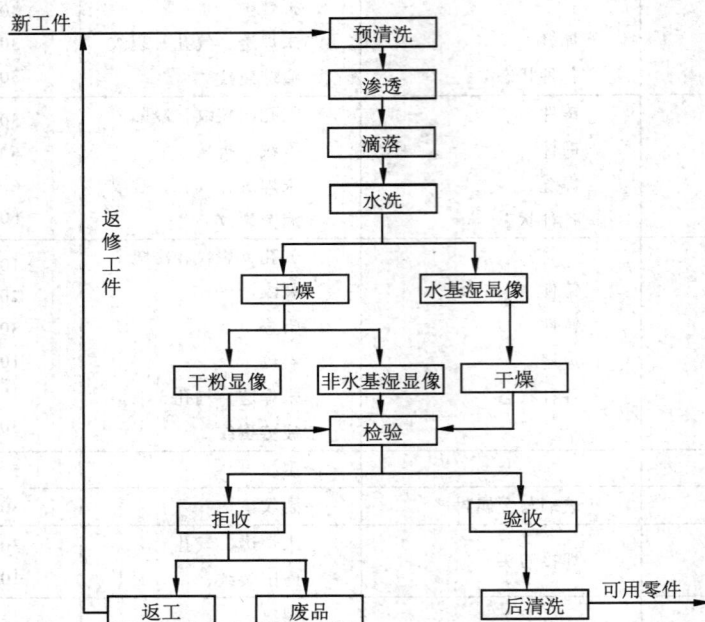

图4-3　水洗型渗透检测操作程序

水洗型渗透检测法适用于灵敏度要求不高、工件表面粗糙度较大、带有销槽或盲孔的工件和大面积工件的检测，如锻、铸件毛料阶段和焊接件等的检验。各步骤操作要点见 4.1 节，但应注意：工件的状态不同，预期检出的缺陷种类不同，所需的渗透时间也不同。表 4-3 列出水洗型荧光渗透检测推荐的渗透时间，也可供水洗型着色渗透检测参考。实际渗透时间，需根据所使用的渗透液型号，检测灵敏度要求等具体制定，或根据渗透液制造厂推荐的渗透时间来具体确定。

2. 水洗型渗透检测法的优点

1）对荧光渗透检测，在黑光灯照射下，缺陷显示有明亮的荧光和高的可见度；对着

色渗透检测,在白光下,缺陷能显示出鲜艳的颜色。

2)表面多余的渗透液可以直接用水去除,相对于后乳化型渗透检测方法,具有操作简便,检验费用低等优点。

3)检测周期较其他方法短。能适应绝大多数类型的缺陷检测。如使用高灵敏度荧光渗透液,可检出很细微的缺陷。

4)较适合于表面粗糙的工件检测,也适用于螺纹类工件、窄缝和工件上的销槽、盲孔内缺陷等的检测。

表 4-3　推荐的水洗型荧光渗透检验工艺的渗透时间
(温度范围 16~32℃)

材　料	状　态	缺 陷 类 型	渗透时间 / min
铝、镁	铸件	气孔、裂纹、冷隔	5~15
	锻件	裂纹	15~30
		折叠	30
	焊缝	未焊透、气孔、裂纹	30
	各种状态	疲劳裂纹	30
不锈钢	铸件	气孔、裂纹、冷隔	30
	锻件	裂纹,折叠	60
	焊缝	未焊透、气孔、裂纹	60
	各种状态	疲劳裂纹	60
黄铜 青铜	铸件	气孔、裂纹、冷隔	10
	铸件	裂纹,	20
		折叠	30
	焊缝	裂纹	10
	各种状态	未焊透、气孔、	15
		疲劳裂纹	30
塑料		裂纹	5~30
玻璃	玻璃与金属封严	裂纹	30~120
硬质合金刀头	焊接刀头	未焊透、气孔	30
		磨削裂纹	10
钨丝		裂纹	1~24h
钛和高温合金	各种状态	各种缺陷	不推荐用这种渗透液

3. 水洗型渗透检测法的缺点

1)灵敏度相对较低,对浅而宽的缺陷容易漏检。

2)重复检验时,重现性差,故不宜在复检的场合下使用,也不宜在仲裁检验的场合下使用。

3)如清洗方法不当,易造成过清洗,例如水洗时间过长,水温高,水压大,都可能会将缺陷中的渗透液清洗掉,降低缺陷的检出率。

4)渗透液的配方复杂。

5)抗水污染的能力弱。特别是渗透液中的含水量超过容水量时,会出现混浊、分离、沉淀及灵敏度下降等现象。

6）酸的污染将影响检验的灵敏度，尤其是铬酸和铬酸盐的影响很大。这是因为酸和铬盐在没有水存在的情况下，不易与渗透液的染料发生化学反应，但当水存在时，易与渗透液的染料发生化学反应，而水洗型渗透液中含有乳化剂，易与水相溶混，故酸和铬酸盐对其影响较大。

4.2.2　后乳化型渗透检测方法

1. 后乳化型渗透检测方法的操作程序

后乳化型渗透检测方法以其有较高的检测灵敏度而被广泛地使用，其操作程序可分为亲水性后乳化型渗透检测方法和亲油性后乳化型渗透检测方法。

亲水性后乳化型渗透检测方法的操作程序框图如图 4-4 所示。

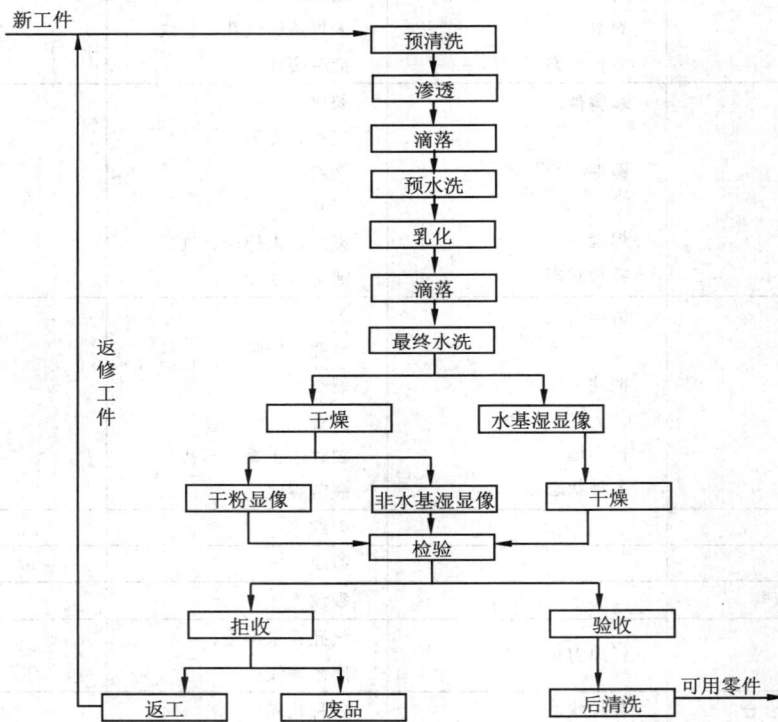

图4-4　亲水性后乳化型渗透检测操作程序框图

从图 4-4 中可知：亲水性后乳化型渗透检测方法除了多一道乳化工序外，其余与水洗型渗透检测方法的操作程序完全相同。这种方法也包括后乳化型着色法和后乳化型荧光法两种。

亲油性后乳化型渗透检测方法程序基本如图 4-4，但不需要预水洗这一工序，即渗透后立即进行乳化。

后乳化型渗透检测方法被大量应用于技术要求高或经机加工的光洁工件的检验，如发动机涡轮叶片、压气机叶片、涡轮盘等机加工件的检验，这些工件在渗透检测之前，最好进行一次酸洗或碱洗，以去除工件表面 0.001～0.005mm 的金属层。使在机加工时

被堵塞的缺陷重新显露出来。

各步骤的操作要点见 4.1 节，这里需要指出的是：乳化工序是后乳化型渗透检测方法的关键步骤。应根据具体情况，通过试验确定乳化时间和温度，并严格控制。原则上，应在保证达到允许的背景条件下，乳化时间应尽量短，要防止乳化不足和过乳化。使用过程中，还应根据乳化剂受污染的程度而及时修改乳化时间或更换乳化剂。

渗透时间控制也是渗透检测的关键，表 4-4 列出后乳化型荧光渗透检验推荐的渗透时间，供参考。

表 4-4　推荐的后乳化型荧光渗透检验的渗透时间（温度范围 16～32℃）

材　　料	状　　态	缺 陷 类 型	渗透时间/min
铝、镁	铸件	裂纹、折叠	10
	焊缝	未焊透、气孔、裂纹	10
	各种状态	疲劳裂纹	10
不锈钢	精铸件	裂纹	20
		气孔、冷隔	10
	锻件	裂纹	20
		折叠	10～30
	焊缝	裂纹、未焊透、气孔	20
	各种状态	疲劳裂纹	20
青铜 黄铜	铸件	裂纹	10
		气孔、冷隔	5
	锻件	裂纹	10
		折叠	5～15
	钎焊缝	裂纹、折叠、气孔	10
	各种状态	疲劳裂纹	10
塑料		裂纹	2
玻璃		裂纹	5
玻璃与金属封严		裂纹	5～60
硬质合金刀头	钎焊刀头	气孔、未焊透、	5
		磨削裂纹	20
钛合金和高温合金	各种状态	各种缺陷	20～30

2. 后乳化型渗透检测方法的优点

1）具有较高的检测灵敏度，这是因为渗透液中不含乳化剂，有利于渗透液渗入表面开口的缺陷中去；另一方面，渗透液中染料的浓度高，故显示的荧光亮度（或颜色强度）比水洗型渗透液高，故可发现更细微的缺陷；

2）能检出浅而宽的表面开口缺陷。这是因为在严格控制乳化时间的情况下，已渗入到浅而宽的缺陷中去的渗透液不被乳化，从而不会被清洗掉；

3）因渗透液不含乳化剂，故渗透速度快，渗透时间比水洗型要短；

4）抗污染能力强，不易受水、酸和铬盐的污染。后乳化型渗透液中不含乳化剂，不吸收水分，水进入后，将沉于槽底，酸和铬盐不易与渗透液中的染料发生化学反应，故水、酸和铬盐对它的污染影响小；

5）重复检验的重现性好。这是因为后乳化型渗透液不含乳化剂，第一次检验后，残存在缺陷中的渗透液可以用溶剂或三氯乙烯蒸气清洗掉，因而在第二次检验时，不影响渗透液的渗入，故缺陷能重复显示。水洗型渗透液中含有乳化剂，第一次检验后，只能清洗去渗透液中的油基部分，乳化剂将残留在缺陷中，妨碍渗透液的第二次渗入，这也是水洗型渗透检测法的重现性差的主要原因；

6）渗透液不含乳化剂，故温度变化时，不会产生分离，沉淀和凝胶等现象。

3．后乳化型渗透检测法的缺点

1）要进行单独的乳化工序，故操作周期长，检测费用大；

2）必须严格控制乳化时间，才能保证检验灵敏度；

3）要求工件表面有较好的光洁度。如工件表面粗糙度较大或工件上存有凹槽、螺纹或拐角、键槽时，渗透液不易被清洗掉；

4）大型工件用后乳化渗透检验比较困难。

4.2.3　溶剂去除型渗透检测方法

1．溶剂去除型渗透检测方法的操作程序

溶剂去除型渗透检测方法是目前渗透检测中应用较为广泛的方法之一。表面多余渗透液可直接用溶剂擦拭去除。它包括着色法和荧光法。荧光法的显像方式有干式、速干式、湿式和自显像等几种。着色法的显像方式有速干式、湿式两种，一般不用干式和自显像，因为这两种显像方法的灵敏度太低。其操作程序框图如图4-5所示。

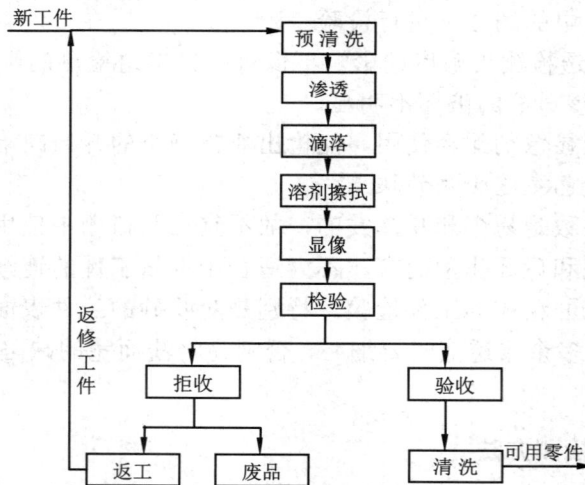

图4-5　溶剂去除型渗透检测操作程序方框图

溶剂去除型渗透检测方法适用于表面光洁的工件和焊缝的检验，特别是溶剂去除型着色检测方法，它更适应于大工件的局部检验、非批量工件的检验和现场检验。工件检验前的预清洗和渗透液的去除都采用同一种溶剂。工件表面多余渗透液的去除采用擦拭去除而不采用喷洗或浸洗，这是因为喷洗或浸洗时，清洗用的溶剂能很快渗入到表面开口的缺陷中去，从而将缺陷中的渗透液溶解掉，造成过清洗，降低检验灵敏度。

溶剂去除型渗透检测多采用非水基湿显像（即采用溶剂悬浮显像剂），因而它具有较高的检测灵敏度，渗透液的渗透速度快，故常采用较短的渗透时间。表 4-5 列出溶剂去除型着色渗透检测推荐的渗透时间，供参考。

表 4-5　溶剂去除型着色渗透检验推荐的的渗透时间（温度范围 16～32℃）

材 料 状 态	缺 陷 类 型	渗透时间 / min
各种材料	热处理裂纹	2
	磨削裂纹、疲劳裂纹	10
塑料陶瓷	裂纹、气孔	1～5
刀具或硬质合金刀具	未焊透、裂纹	1～10
铸 件	气孔	3～10
	冷隔	10～20
锻 件	裂纹、折叠	20
金属滚轧件	缝隙	10～20
焊 缝	裂纹、气孔	10～20

2．溶剂去除型着色检测法的优点

1）设备简单。渗透液、清洗剂和显像剂一般都装在喷罐中使用，故携带方便，且不需要暗室和黑光灯。

2）操作方便，对单个工件检验速度快。

3）适合于外场和大工件的局部检验，配合返修或对有怀疑的部位，可随时进行局部检验。

4）可在没有水、电的场合下进行检验。

5）缺陷污染对渗透检测灵敏度的影响不像对荧光渗透检测的影响那样严重，工件上残留的酸和碱对着色渗透液的破坏不明显。

6）与溶剂悬浮型显像剂配合使用，能检出非常细小的开口缺陷。

3．溶剂去除型着色渗透检测的缺点

1）所用的材料多数是易燃和易挥发的，故不宜在开口槽中使用。

2）相对于水洗型和后乳化型而言，不太适合于批量工件的连续检验。

3）不太适用于表面粗糙的工件检验。特别是对吹砂的工件表面更难应用。

4）擦拭去除表面多余渗透液时要细心，否则易将浅而宽的缺陷中的渗透液洗掉，造成漏检。

*4.2.4　特殊的渗透检测方法

本节介绍几种特殊的渗透检测方法，由于这些方法均有其局限性，故还没有得到普遍的应用。

1．加载法

渗透检测虽有很高的灵敏度，但检查某些疲劳裂纹时，仍然很困难。这是因为这些裂纹很紧密，或者其中充满着污杂物，使渗透液难以渗入，但是，如果加上弯曲载荷或扭转载荷，渗透液就较容易渗入缺陷。施加载荷时，通常有下述两种形式：一种是仅在渗透这一工序中施加载荷，以后各道工序都和普通方法相同，图 4-6 是使用这种方法检

验涡轮盘的示意图。载荷大约为 2500kg，挠度为 0.25mm，周期为每 13min 7 次。

另一种方式是在渗透和检验这两道工序都施加载荷，这种方法通常不使用显像剂，故常称为自显像法。在反复载荷的作用下，裂纹一张一合，裂纹中的渗透液在紫外光的照射下一闪一闪地发光，所以，这种方法乜称为"闪烁法"。

加载法的检验效果好，但检测速度慢，工作效率低。

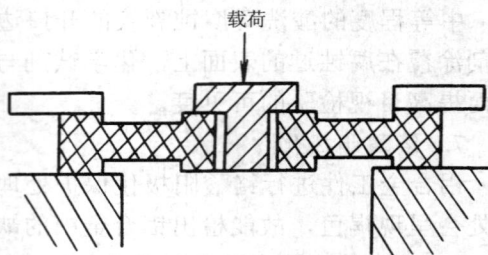

图4-6 涡轮盘加载示意图

2. 凝胶型渗透液自显像方法

这是利用凝胶型渗透液的凝胶现象进行检测的方法，这种渗透液的粘度随含水量而变化的关系如图 1-17 中曲线 A 所示。开始水洗时，裂纹开口处的渗透液与水相接触，随着加水量的增加，形成凝胶状态，这种高粘度而又溶于水的凝胶，如同软塞子封住裂纹的开口处，所以裂纹中的渗透液不会很快被水稀释而冲掉，起到减缓的作用，而工件上多余的渗透液，因为接触的水量大，粘度下降，这时乳化性能又好，故很快被水冲洗掉，这样就保证了渗透检测的灵敏度。

这种检测方法不使用显像剂，采用自显像工艺，故简化了渗透检测的操作工序，节省检测的时间和费用。

3. 渗透液与显像剂相互作用法

这种方法所使用的渗透液不含染料，而干粉显像剂中则含有显示染料，渗透液从缺陷口渗出来，与显像粉末中的染料作用（渗透液很快溶解染料）后，产生缺陷显示。这种方法所用的渗透液渗透能力强，能渗入极细小的缺陷中去；在表面渗透液去除后，能留下干净的无荧光的背景；渗透液的污染不太严重。该法要求染料的粒度尽量小，通常要求粒度小于 10μm。

4. 逆荧光法

这种方法采用着色渗透液进行渗透，使用含有低亮度荧光染料的溶剂悬浮型显像剂进行显像；工件检验在黑光灯下进行观察，整个工件表面发出低亮度的荧光，而缺陷处则呈暗色缺陷显示。这是因为着色染料与显像剂作用后，猝灭了显像剂的荧光。

5. 消色法

消色法可采用高灵敏度的后乳化型渗透液，不必考虑渗透液的去除能力，只需考虑渗透液中染料对强的短波紫外线的稳定性。因而可采用荧光渗透液或着色渗透液。

工件经渗透后，用水洗法或用布擦去工件表面明显多余的渗透液，经烘干后，再在短波紫外线下进行照射，由于短波紫外线能完全破坏表面多余的渗透液，故显像后可得到缺陷显示。消色法可通过改变短波紫外线的曝光时间来控制检验灵敏度，以达到检查出浅而宽的表面缺陷和细微缺陷的目的。

消色法操作简单，速度快，易实现自动化，并具有后乳化型渗透检测的灵敏度。但这种方法所用的染料在紫外线的照射下，其荧光亮度下降或褪色，缺乏持久性；且需要短波紫外线源，而短波紫外线会伤害人体，故此法较少应用。

6. 酸洗显示的染色法

中等程度的酸洗可腐蚀裂纹的开口边缘，使裂纹的开口宽度增大，如果将一种化学试剂涂覆在腐蚀过的表面上，化学试剂与裂纹中渗出的酸起反应而使裂纹处显示颜色，从而提高目视检验的可见度。

7. 铬酸阳极化

铝合金工件进行铬酸阳极化保护处理时，由于电解液渗入缺陷中，在阳极化后，缺陷处会呈现褐色，故能检出铝合金中的缺陷。

8. 用渗透液检测泄漏的方法

泄漏是由于储存气体或液体的容器、管道等器件存在穿透性的缺陷所引起的。探测泄漏的方法很多，如空气压力试验法、液压试验法、卤素检漏仪法、质谱仪法等，渗透液检验泄漏也是常用的一种方法。

渗透液检漏的原理见图4-7。由于检漏时，不需去除表面多余的渗透液，故各种类型的渗透液均可使用。通常采用的是高灵敏度的后乳化型荧光渗透液，因为这种渗透液具有高的渗透能力和荧光亮度。

用渗透液检漏时，通常不必进行显像，因为只要渗透时间长,渗过泄漏处的渗透液足以在黑灯下观察出来。为检测更细微的泄漏，也可在涂覆渗透液的对面施加显像剂。在检测厚工件上的泄漏时，要求有长的渗透时间，一次渗透所需的时间甚至可以达数小时。

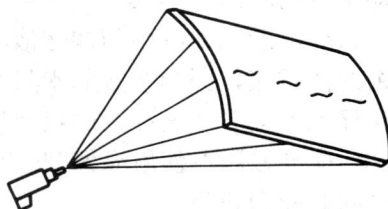

图4-7　用渗透液检漏示意图

4.3　渗透检测方法选择

4.3.1　渗透检测方法选择的一般要求

如上节所述，各种渗透检测方法均有自己的优缺点，具体选择检测方法时，首先应考虑检测灵敏度的要求，预期检出的缺陷类型和尺寸，还应根据工件的大小、形状、数量、表面粗糙度，以及现场的水、电、气的供应情况、检验场地的大小和检测费用等因素综合考虑。在上述因素中，以灵敏度和检测费用的考虑最为重要。只有足够的灵敏度才能确保产品的质量，但这并不意味着在任何情况下都选择最高灵敏度的检验方法，例如，对表面粗糙的工件采用高灵敏度的渗透液，会使清洗困难，造成背景过深，甚至会造成虚假显示和掩盖显示，以致达不到检验的目的。而且灵敏度高的检验，其检验费用往往也高，因此，灵敏度要与检测技术要求和检测费用等综合考虑。

此外，在满足灵敏度要求的前提下，应优先选择对检测人员、工件和环境无损害或损害较小的渗透检测材料与渗透检测工艺方法。应优先选用易于生物降解的材料；优先选择水基材料；优先选择水洗法；优先选择亲水性后乳化法。

对给定的工件，采用合适的显像方法，对保证检测灵敏度非常重要。比如光洁的工

件衰面，干粉显像剂不能有效地吸附在工件表面上，因而不利于形成显示，故采用湿式显像比干粉显像好；相反，粗糙的工件表面则适于采用干粉显像。采用湿式显像时，显像剂可能会在拐角、孔洞、空腔、螺纹根部等部位积聚而掩盖显示。溶剂悬浮显像剂对细微裂纹的显示很有效，但对浅而宽的缺陷显示效果则较差。

在进行某一项渗透检测时，所用的检测材料应选用同一制造厂家生产的产品，应特别注意不要将不同厂家生产的产品混合使用，因为制造厂家不同，检测材料的成分也不同，若混合使用时，可能会出现化学反应而造成灵敏度下降。经过着色检测的工件，需进行彻底清洗，方可进行荧光检验，否则，缺陷中残存的着色液会减少或猝灭染料的发光亮度。

4.3 2　渗透检测方法选择指南

渗透检测方法的选择可参见表 4-6，具体选择时，需根据被检对象的特点，综合考虑。

表 4-6　渗透检验方法的优先选择指南

对象或条件		渗　透　液	显　像　剂
预期检出的缺陷	浅而宽的缺陷细微的缺陷深度小于10μm细微缺陷	FB/FD	S
	深度3 0μm及30μm以上的缺陷	FA（VA），FC（VC）	W，S，D
	靠近或聚集的缺陷以及需观察表面形状的缺陷	FA，FB/FD	D
被栓工件	小工件批量连续检验	FA，FB/FD	W，D
	少量工件不定期检验及大零件、结构件的局部检验	FC，VC	S
工件表面光洁程度	表面粗糙的锻、铸件	FA，VA	D，W，N
	中等粗糙的精铸件	FA，FB/FD	D
	车削加工表面	FA（VA），FB/FD，VC	S，W，D
	磨削加工表面	FB/FD，VC	S
	焊缝及其他缓慢起伏的凹凸面	FA，VA，FC，VC	S，D
设备条件	有场地、水、电、气、暗室	FA，FB/FD	D，W
	无水、电、在现场检验、高空检测	VC	S
其他	要求重复检验（最多重复5~6次）	VC，FB/FD	S，D
	泄漏检验	FA，FB/FD	N，D，S

　　FA—水洗型荧光渗透液　FB—后乳化型（亲油性）荧光渗透液　FC—溶剂去除型荧光渗透液

　　FD—后乳化型（亲水性）荧光渗透液　VA—水洗型着色渗透液　VC—溶剂去除型着色渗透液

　　D—干粉显像剂　S—非水基湿显像剂　W—水基湿显像剂　N—自显像

　　注：对 V 型检测，不推荐与干粉显像剂配合使用。

4.4　渗透检测工序安排的原则

为确保渗透检测的有效性，渗透检测工序的安排是相当重要的，工序安排一般应遵从下述的原则：

1）如无特殊规定，需进行渗透检测的工件，原则上必须在最终成品上进行检验。

2）渗透检测应在喷丸、吹砂、镀层、阳极化、涂层、氧化或其他表面处理工序之前进行。表面处理后，还需局部机加工的，应在机加工后，对机加工表面再次进行检验。

3）如工件要求浸蚀检验时，渗透检测应紧接在浸蚀检验工序之后进行。

4）机加工后的铝、镁、钛合金和奥氏体不锈钢等关键工件，一般应先进行酸浸蚀或碱浸蚀，然后再进行渗透检测。

5）对于铸件、焊接件和热处理件，如渗透检测前允许采用吹砂的方法去除表面氧化物，则吹砂后的关键工件，一般应先进行浸蚀后方可进行渗透检测。

6）需热处理的工件，渗透检测应安排在热处理之后进行。如需经过多次热处理时，则只需在热处理温度最高的一次热处理后进行。

7）对使用过的工件进行渗透检测，必须在去除表面积碳层、氧化层及涂层后进行。对完整无缺的脆漆层，可不必去除就直接进行渗透检测，在漆层上检验发现裂纹后，再去除裂纹部位的漆层，然后检查基体金属上有无裂纹。

8）若工件同一部位均需进行渗透检测和磁粉检测或超声检测时，应首先进行渗透检测，因为磁粉或耦合剂会堵塞表面缺陷。

9）工件的同一表面，荧光渗透检测之前不允许进行着色渗透检测。

10）疲劳开裂或压缩载荷下开裂的裂纹，不宜安排渗透检测方法，应采用其他合适的检测方法。

4.5　渗透检测工艺规程

4.5.1　渗透检测工艺规程的分类和内容

渗透检测工艺规程一般分为通用工艺规程和专用工艺卡两种。

1. 渗透检测通用工艺规程

渗透检测通用工艺规程指用于指导渗透检测工程技术人员及实际操作人员进行渗透检测工作，处理渗透检测结果，进行质量评定并做出合格与否的结论，从而完成渗透检测任务的技术文件；它是保证渗透检测结果的一致性和可靠性的重要措施。渗透检测通用工艺规程应针对某一工程或某一类产品，根据本单位现有的设备、器材及产品结构特点等现有条件，按照委托单位的要求、法规、标准或技术要求而制定的技术规程或通则。通用工艺规程一般以文字说明为主，它应具有一定的覆盖性、通用性和可选择性。通用工艺规程编制完成以后，应经委托单位认可。它应包括如下的基本内容：

1）适用范围：指明规程适用于哪类构件或部件。

2）编制依据：委托书、技术文件和引用规范、标准等。

3）人员要求。

4）被检构件或部件状态：包括被检件名称、形状、尺寸、材质表面粗糙度、热处理状态及表面处理状态。还应指明渗透检测的工序安排。

5）渗透检测用的设备仪器及材料：渗透液、乳化剂、去除剂及显像剂的种类和型号。

6）渗透检测工艺参数：渗透检测前被检工件表面的准备方法及要求，渗透液、乳化剂及显像剂的施加方法，清洗或去除方法、干燥方法，渗透、乳化及显像的时间和温度控制，清洗用水压、水温及水流量控制，干燥的温度和时间的要求等，还应指明后清洗的要求。

7）质量验收标准：指明质量等级评定所依据的标准，验收级别及其依据。

2. 专用工艺卡

专用工艺卡是针对某一具体的产品或产品上的某一部件，以通用工艺规程和被检工件的技术要求为依据而专门制定的有关检测技术细节和具体参数条件，它是通用工艺规程的细化和具体化。目的在于指导检测人员进行检测操作，处理检测结果并作出合格与否的结论。检测人员必须严格执行专用工艺卡所规定的各项条款，不得违反。因而要求专用工艺卡简单明了，具有可操作性。由于它所针对的是某一具体的产品，故一般要求一件一卡，其内容以表格形式表示。它应包括的基本内容如下：

（1）必须交代的内容

1）工件状况：包括被检工件名称、图号、规格、材质、表面粗糙度、热处理状态、表面处理状态、检测部位，以及管理法规、制造标准、质量评定所依据标准、验收级别等。还应指明渗透检测工序安排。

2）检测条件：渗透检测用的设备仪器及材料，诸如渗透液、乳化剂、去除剂及显像剂的种类和型号，渗透检测前被检工件表面的准备方法及要求，渗透液、乳化剂及显像剂的具体施加方法，清洗或去除方法、干燥方法，渗透、乳化及显像的时间和温度的具体数值，清洗用水压、水温及水流量的控制数值，干燥的具体温度和时间等；还应指明后清洗的要求。

（2）必须绘出的示意图　必须绘出工件示意图；局部检测时，应标明检测位置。

（3）必须签署的人员　工艺卡的编制人员及资格、日期，审核人员及资格、日期，批准人员和日期。

4.5.2　渗透检测工艺规程的更改

当产品设计资料、制造加工工艺规程、技术标准等发生更改，或者发现渗透检测工艺规程本身有错漏，或渗透检测工艺方法的改进等，这都需要对渗透检测工艺规程进行更改。更改时，需要履行更改签署手续，更改工作最好由原编制和审核人员进行。

4.5.3　渗透检测工艺规程的偏离

渗透检测工艺规程必须经过验证以后方可批准实施，经批准后，检测人员应严格执行工艺规程所规定的各项条款；如因渗透检测设备仪器的更换，渗透检测材料或辅助材料的代用等，使渗透检测工艺规程产生偏离时，应经验证并报技术负责人批准后方可偏离。

4.5.4　渗透检测工艺规程的报废

由于渗透检测工序被取代，或由其他无损检测方法取代，则原渗透检测工艺规程应予报废。渗透检测工艺规程的报废原则上由编制人员提出报废申请，技术负责人批准即

可。

4.5.5　典型渗透检测工艺规程编制示例

现以××厂铸造叶片渗透检测工艺规程为例，说明渗透检测工艺规程编制，仅供参考。

1．总则

1.1　适用范围：本规程适应于××厂铸造叶片的渗透检测。

1.2　编制依据：

（1）铸造叶片技术说明书

（2）GJB 2367A

1.3　检验人员：从事铸造叶片渗透检测的人员应取得渗透检测人员资格证书，且只能从事与该等级相应的技术工作并负相应的技术责任，眼睛不得有色盲和色弱。

2．渗透检测方法：FD-D，亲水性后乳化型荧光渗透法－干粉显像。

3．渗透检测材料：

3.1　渗透液、乳化剂和显像剂必须是同一族组。

3.2　渗透检测材料的质量控制必须符合 HB 7681 的规定。

4．渗透检测操作

4.1　预清洗：将叶片浸于汽油、煤油或酒精中清洗，以去除叶片上的油污，清洗完毕后，应彻底干燥。

4.2　渗透：可用浸涂方式施加渗透液，将叶片完全浸入后乳化型荧光渗透液中，所有的受检表面应被渗透液浸湿和覆盖，渗透液和环境温度保持在 15～40℃ 之间。停留时间最少 10min。再从渗透液中取出叶片，使多余渗透液滴落回渗透液槽中，为防止渗透液的积聚和使之易于滴落，可变换和倾斜叶片的方向，滴落时间不超过 20min。

4.3　预水洗：采用手工喷洗的方式清洗叶片表面多余渗透液。

采用低压喷洗，水压为 0.27MPa，水温为 15～30℃，喷嘴与叶片表面距离约 300～400mm。

4.4　乳化：将叶片浸入亲水性乳化剂中，乳化剂的浓度可按供货商推荐的浓度，一般不超过 35%（V/V）。在乳化过程中，应使叶片完全被乳化剂浸湿和覆盖，乳化时间不超过 2min。

4.5　去除：按 4.3 条规定进行水清洗，并在黑光灯下观察清洗效果，对背景较深部位可通过补充乳化方法予以去除，补充乳化时间不得超过 2min。

4.6　干燥：将叶片置于热空气循环烘箱中干燥，烘箱温度控制在 60～ 65℃ 之间，干燥时间保持在表面上的水分被刚好干燥即可。

4.7　显像：将干燥后的叶片置于喷粉柜中喷粉显像，用经过过滤干净的压缩空气将干燥的显像粉吹扬起来呈粉曝状，在叶片表面上均匀地覆盖一层显像粉，显像时间为 7～15min。

4.8　检验：在黑光灯下检验叶片。

（1）检验前，检测人员应最少有 2min 的黑暗适应时间，并戴上防紫外线眼镜和浸塑手套。

（2）暗室白光辐照度应小于 20 lx，黑光灯距叶片表面的距离约 380mm，叶片表面的黑光辐照度应大于 $1000\mu W/cm^2$。

（3）对没有显示或仅有不相关显示的叶片，准予验收，并将合格叶片存于合格区。

（4）对有相关显示的叶片应根据 GJB 2367A 验收标准进行评定，对有疑问的显示可用沾有溶剂

的脱脂棉擦掉显示，干燥后重新显像，或用 10 倍放大镜直接观察，若没有显示再现，可认为是伪显示，若显示再现，则按铸造叶片技术说明书（验收标准）评定。

5. 后清洗：叶片检验完毕后，应用水清洗，以去除表面上附着的显像粉和荧光底色，最后将叶片干燥。

6. 签发报告

（1）叶片编号、数量、材料、送检日期和单位。

（2）检验标准和验收标准。

（3）检测结果和结论。

（4）检测人员、审核人员和批准人签字或盖章。

（5）签发报告日期。

4.5.6　渗透检测专用工艺卡示例

现以××厂铸造叶片渗透检测工艺卡为例，说明渗透检测工艺规程编制，仅供参考。

渗透检测专用工艺卡　　　　　　　　　NO.

试件名称		铸造叶片		试件材料牌号		DZ22
试验方法		FD＋D		灵敏度等级		3级
方法标准		GJB 2367A		验收标准		铸造叶片技术说明书
程序	处理方法	温度 / ℃	压力 / MPa	时间 / min		检测材料
预处理	汽油清洗	室温	—	—		汽油
干　燥	自然干燥	室温	—	—		—
渗　透	浸涂	15～40	—	15		HY31D
预水洗	手工喷洗	15～30	0.27	—		—
乳　化	浸涂	15～40	—	2		QY31
清　洗	手工喷洗	15～40	0.27	—		—
干　燥	热空气	60～65	—	15		循环烘箱
显　像	喷粉显像	15～40	—	10		DG-2
后处理	水清洗	—	—	—		—
记　录						
试件草图						
批准	×××	审核	×××（PT-Ⅲ）	编制		×××
日期						

复 习 题

1. 工件表面的污染物对渗透检测有何影响？
2. 清除工件表面的污染物有哪几种方法？各种方法各应注意哪些事项？
3. 施加渗透液的基本要求是什么？有哪几种施加方法？各适应什么范围？
4. 简述后乳化型渗透检验的去除方法。去除时应注意哪些问题？
5. 干燥时应如何控制干燥的时间和温度？如何掌握"热浸"技术？
6. 显像剂的选择原则是什么？
7. 简述水洗型渗透检测方法的基本工艺流程、适应范围和优缺点。
8. 简述后乳化型渗透检测方法的基本工艺流程、适应范围和优缺点。
9. 简述溶剂去除型渗透检测方法的基本工艺流程、适应范围和优缺点。
*10. 简述加载法的工作原理及优缺点。
*11. 简述使用渗透液检测泄漏的具体方法及注意事项。

第5章 显示的解释和缺陷评定

5.1 显示的解释和评定

渗透检测所得到的显示是缺陷或不连续存在的依据，但并非所有的显示都是由缺陷或不连续所引起的。因此，必须对显示作出解释，显示的解释和缺陷评定是两个完全不同的检验阶段。显示的解释是对观察到的显示进行研究分析，确定这些显示产生的原因。即确定显示是由缺陷引起的，或是由于工件的结构等不相关原因引起的，或仅是因为表面未清洗干净而残留的渗透液，或由于某种污染引起的虚假缺陷显示。也就是说：显示的解释是判断显示是否属于缺陷显示的一个过程，而缺陷评定是显示解释后的一个检验阶段，它是在确定显示属于缺陷显示之后，再对缺陷的严重程度进行评定的过程。它应根据指定的验收标准，作出合格与否的结论。

5.2 显示的分类

渗透检测中，通常将显示分为真实显示、不相关显示和虚假显示。

1. 真实显示

真实显示是指由缺陷或不连续引起的，是缺陷或不连续存在的标志。渗透检测中，常见的缺陷有裂纹、气孔、夹杂、疏松、折叠、冷隔和分层等，真实显示也称为相关显示。

2. 不相关显示

这类显示不是由缺陷或不连续所引起的，它主要由下述三种情况所造成：

1）由工件的加工工艺所造成的不相关显示。例如装配压印、铆接印和电焊时未焊接部位所产生的显示。这是加工工艺中不可避免的，也是设计所允许存在的。

2）另一类不相关显示是由于工件结构的外形所引起的。例如键槽、花键和装配结合缝等所引起的显示，故这些显示也常称为"无关显示"。

3）还有一类不相关显示是由于划伤、刻痕、凹坑、毛刺、焊斑或松散的氧化层等原因引起的。

上述这些缺陷在目视检查中一般用肉眼可观察到，故对其解释并不困难。通常也不将这类显示作为渗透检测拒收的依据。

表 5-1 列出这些不相关显示的常见类别，供参考。

表 5-1　常见的不相关显示

种　　类	位　　置	特　　征
焊接飞溅	电弧焊的基体金属	表面上的球形物
电阻焊上不焊接的边缘部分	电阻焊缝的边缘	沿整个焊缝长度、渗透液严重渗出
装配压痕	压配合处	压配合轮廓
铆接印	铆接处	锤击印
刻痕、凹坑、划伤	各种零件	目视可见
毛刺	机加工零件	目视可见

3．虚假显示

（1）虚假显示及其产生原因　这种显示不是由缺陷或不连续引起的，也不是由工件结构或外形所引起的，而是由于不适当的方法或处理产生的显示，可能被错误地解释为不连续或缺陷，故也常将这类显示称为伪缺陷显示。归纳起来，产生虚假显示的主要原因如下：

1）操作者手上的渗透液污染；

2）检验工作台上的渗透液污染；

3）显像剂受到渗透液的污染；

4）擦布或棉花纤维上的渗透液污染；

5）清洗时，渗透液飞溅到干净的工件上；

6）工件筐、吊具上残存渗透液与已清洗干净的工件相接触而造成的污染；

7）工件上缺陷处渗出的渗透液使相邻的工件受到污染。

（2）虚假显示的判别和避免　这类显示从显示的特征上来分析，是较容易判别的。若用沾有酒精的棉球擦拭，虚假缺陷显示很容易擦去，且不会重新出现。

渗透检测时，要尽量避免产生虚假显示。为此必须采取必要的措施，例如：操作者的手应保持干净，不要被渗透液污染，工件筐、吊具和工作台要始终保持干净，使用无绒、干净的布擦洗工件，并在清洗工位安装黑光灯进行检查等。

5.3　缺陷的评定

5.3.1　缺陷显示的分类

缺陷显示的分类一般是根据显示的形状、尺寸和分布状态进行的。渗透检测的质量验收标准不同，对缺陷显示的分类也不尽相同。因此，在实际工作中，应根据受检工件所使用的渗透检测的质量验收标准执行。下列所述是指常见的分类方法。

1．连续线状显示

这类缺陷的显示是由裂纹、冷隔、锻造折叠等缺陷所产生的。国内外一些标准将长宽比大于 3 的显示称为线状显示，如图 5-1a 所示。

2．断续线状显示

断续线状显示是指在一条直线或曲线上存在距离较近的缺陷所组成的显示，如图 5-1b

所示。当对工件进行磨削、喷丸、吹砂、锻造或机加工时，原来表面上的线状缺陷可能部分地堵塞住了，渗透检测时，呈现为断续的线状显示。在处理这类缺陷时，应作为一个连续的长缺陷处理，即按一条线状缺陷进行评定。GJB 2367A 和 JIS Z 2343—1992 等标准均规定：当两个或两个以上的缺陷显示大致在一条直线上、且相邻两个显示的间距小于 2mm，称为断续线状显示，其长度为各个缺陷的长度和相邻显示之间的间距长度的总和。

3. 圆形显示

除线状显示之外的其他显示，均称为圆形显示，一些标准将长宽比不大于 3 的显示都称为圆形显示，如图 5-1c 所示。

圆形缺陷显示是由表面的气孔、针孔、铁豆或疏松等产生的。深的表面裂纹，由于显像时能吸附出较多的渗透液，也可能在缺陷处扩散而形成圆形显示。

小点状显示是由针孔、显微疏松产生的，由于这种缺陷比较细微，深度也小，故显示比较弱，如图 5-1d 所示。

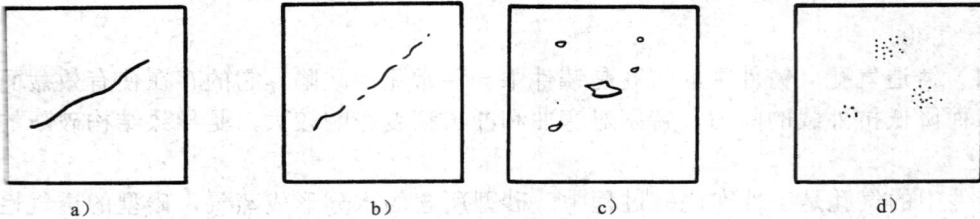

图5-1　缺陷显示示意图

a）线状显示　b）断续线状显示　c）圆形显示　d）密集形显示

4. 分散的显示和密集形的显示

在一定的面积范围内，存在几个缺陷的显示，可认为是分散状的缺陷显示。如果缺陷显示中最短的显示长度小于 2mm，而间距又大于显示时，则可看作是单独的缺陷显示；如间距小于显示时，则应看作是密集形的缺陷显示。

5. 纵（横）向缺陷显示

标准不同，对纵（横）向缺陷的规定略有不同，当缺陷显示的长轴方向与工件轴线或母线的夹角大于或等于 30°时，按横向缺陷处理，其他则按纵向缺陷处理。

5.3.2　缺陷的分类

根据缺陷的起因，可将缺陷分为三类，即原材料缺陷、工艺缺陷和使用缺陷。

1. 原材料缺陷

原材料缺陷也称原材料的固有缺陷，它是金属在冶炼过程中，金属由熔化状态凝固成固体状态时产生的，例如缩孔、夹杂、钢锭裂纹及气泡等，钢锭经开坯、加工变形后在产品中存在的缺陷，如果与钢锭中的原材料缺陷有关，尽管缺陷的形状已改变，缺陷名称也不同，但仍然列为原材料缺陷。例如钢锭中的缩孔或气泡等经轧制后，在板材中形成分层；原钢锭中的夹杂或气泡，在棒材中形成发纹，这些都属于原材料缺陷。

2. 工艺缺陷

工艺缺陷是与工件制造的各种工艺有关的缺陷，这些制造工艺包括铸造、冲压、锻造、挤压、滚轧、机加工、焊接、表面处理和热处理等。故工艺缺陷又称为加工缺陷。

通常有下列四种情况:

1)钢锭经过一定的变形加工后,在棒材、板材、管材或带材上,由于变形工艺上的原因形成的工艺缺陷,例如折叠、缝隙、冲压裂纹、弯曲裂纹等。

2)铸造时产生的缺陷,例如气孔、疏松、夹杂、裂纹、冷隔等。应当指出:金属材料铸造工件时,在工件中产生的铸造缺陷,尽管在性质与钢锭中的铸造缺陷相同,但由于铸造是工件制造的一种工艺,故铸件中的缺陷不列为原材料缺陷,而列为加工缺陷。

3)焊接时产生的缺陷,例如气孔、夹渣、裂纹、未熔合和未焊透等。

4)工件经车、铣、磨等机械加工、电解腐蚀加工、热处理、表面处理等工艺过程产生的缺陷,例如车削裂纹、镀铬层裂纹、淬火裂纹、金属喷涂层裂纹等。

3. 使用缺陷

工件在使用过程中产生的缺陷,例如应力腐蚀裂纹、磨损裂纹和疲劳裂纹等。

5.3.3 常见缺陷及其显示特征

1. 气孔

(1)铸造气孔　铸件中的气孔是铸件中一种常见的缺陷,它的存在使有效截面积减少,从而降低抗外载的能力,特别对弯曲和冲击韧度影响较大,是导致结构破断的原因之一。

铸件中的气孔是工件在浇铸过程中,砂型所含的水分形成蒸气,砂型的透气性又不好,蒸气被迫进入金属液中,熔融金属吸入过多的气体,在铸件凝固时,气体未能及时排出,而在工件内部形成大致呈梨形或球形的缺陷,气孔的尖端与铸件表面相通,表面气孔在机加工后露出表面,渗透检测很容易发现。铝、镁合金砂型铸件表面常发现这种气孔。砂型铸造气孔示意图见图5-2。

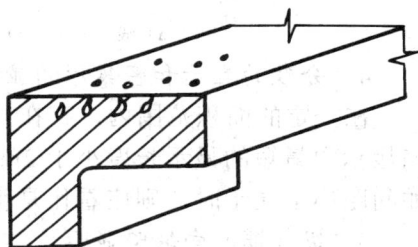

图5-2　铸件表面气孔示意图

这种气孔一般目视可见。在放大镜下观察,可看到气孔的内表面是光滑的。

渗透检测时,表面气孔的显示一般呈圆形、椭圆形或长圆条形红色亮点或黄绿色荧光亮点,并均匀地向边缘减淡。由于回渗严重,缺陷的显示会随显像时间的延长而迅速扩展。

(2)焊接气孔　焊接气孔也是一种常见的缺陷,可分为外气孔和内气孔;根据分布情况不同,又可分为分散气孔、密集气孔和连续气孔等。

焊接气孔的形成机理与铸件气孔相似。形成焊接气孔的主要气体是氢和一氧化碳,其来源是原来溶解于母材或焊条药皮中的气体,但更主要的是焊接工艺方面的原因,例如焊件未清理干净,焊缝区有水、油、锈、油漆或气割残渣等。焊条药皮偏心或磁偏吹,造成电弧不稳,保护不够;焊剂受潮未按规定烘焙;酸性焊条烘干温度过高(超过150℃),使造气剂成分变质失效;焊条药皮变质剥落,钢芯锈蚀;采用过大电流,使后半截焊条烧红等。

焊接气孔的显示与铸造气孔相似。

2. 裂纹

裂纹除降低工件的强度外，还由于裂纹有尖锐的缺口，引起较高的应力集中，因而使裂纹扩展，由此导致整个结构的破坏，特别是承受动载荷，这种缺陷是很危险的。因此，裂纹是危害性极大的缺陷，裂纹的种类很多，渗透检测中，常见的裂纹有下列几种：

（1）焊接裂纹   焊接裂纹是指在焊接过程中或焊接以后，在焊接接头区域内出现的裂纹。

按焊接裂纹部位不同，可将其分为纵向裂纹、横向裂纹、熔合区裂纹、根部裂纹、火口裂纹和热影响区裂纹等；按裂纹产生的温度和时间的不同，可分为热裂纹和冷裂纹。

1）热裂纹：金属从结晶开始，一直到相变以前所产生的裂纹都称为热裂纹。它沿晶界裂开，具有晶间破坏性质，当它与外界空气接触时，表面呈氧化色彩（蓝色、蓝黑色）。

热裂纹产生的原因：通常认为是由于钢材在固相线附近有一个高温脆性区，即焊接金属在凝固过程中，低熔点杂质呈液态被排挤并富集在晶界上，形成液态间层，在随后的结晶过程中，由于收缩使其受到拉应力，这时液态间层便成为薄弱的拉伸变形集中地带，当拉伸变形超过晶体间层的变形能力，又得不到新的液相补充时，便可能沿此薄弱带形成晶间裂纹。这种现象犹如在两层纸之间涂上浆糊，当浆糊未干时，很容易将两层纸撕开。

热裂纹常产生在焊缝中心（纵向），火口裂纹产生在断弧的火口处，呈星状。故渗透检测时，热裂纹一般呈现曲折的波浪状或锯齿状红色或明亮的黄绿色细线条；但火口裂纹呈星状，较深的火口裂纹有时因渗透液回渗较多而使显示扩展而呈圆形，但如用沾有酒精的棉球擦去显示后，裂纹的特征可清楚地显示出来。

2）冷裂纹：冷裂纹是指在相变温度下的冷却过程中和冷却以后出现的裂纹。这类裂纹多出现在有淬火倾向的高强度钢中。一般的低碳钢工件，在刚性不太大时，是不易产生这类裂纹的。冷裂纹通常出现在焊缝热影响区，有时也在焊缝金属中出现。冷裂纹的特征是穿晶开裂。当"淬硬组织、氢的富集、存在应力"等三要素同时存在时，就很容易产生冷裂纹。故冷裂纹不一定在焊接时产生，它可以延迟几小时、甚至更长的时间后才发生，所以冷裂纹又称延迟裂纹，它具有很大的危险性。它常产生于焊层下紧靠熔合线处，并与熔合线相平行。渗透检测时，冷裂纹的显示一般呈直线状红色或明亮黄绿色细线条，中部稍宽，两端尖细，颜色（亮度）逐渐减淡，直到最后消失。

（2）铸造裂纹   铸造裂纹也分为热裂纹和冷裂纹两大类，它是铸造金属液在凝固过程中，相邻区域冷却速度不同而产生内应力；在凝固收缩过程中，由于内应力作用而产生的一种线状缺陷。热裂纹是在高温下产生的，易出现在应力集中区，一般比较浅；冷裂纹是在低温时产生的，一般易出现在截面突变处。它的显示特征与焊接裂纹相同，但对较深的铸造裂纹，由于渗透液回渗多，而往往失去裂纹的外形，有时甚至会扩展成圆形显示。

（3）淬火裂纹   是在热处理中产生的裂纹，它一般起源于刻槽、尖角等应力集中区，一般呈红色或明亮黄绿色的细线条显示，呈线状、树枝状或网状，裂纹起源处宽度较宽，随延伸方向逐渐变细。

（4）磨削裂纹　是由于磨削加工表面局部过热或工件上碳化物偏析等原因，在加工应力作用下产生的裂纹。磨削裂纹一般较浅，其方向基本垂直于磨削方向，并且沿晶界分布或呈网状，渗透检测时，磨削裂纹的显示一般呈断续条纹、辐射状或网状条纹。

（5）疲劳裂纹　工件在使用过程中，长期受到交变应力或脉动应力的作用，可能在应力集中区产生疲劳裂纹。疲劳裂纹往往从工件上的划伤、刻槽、陡的内凹拐角及表面缺陷处开始，开口于工件表面。渗透检测时，一般呈线状、曲线状显示，随延伸方向逐渐变得尖细。

3. 未焊透

未焊透是一种焊接缺陷。在焊接过程中，焊件的母材与母材之间未被电弧熔化焊合而留下的空隙称为未焊透。产生未焊透的部位往往也有夹渣存在。未焊透能降低焊接接头的力学性能，未焊透的缺口与尖角易产生应力集中，因而承载之后易引起破裂。渗透检测中，仅能发现单面焊的根部未焊透。显示为一条连续或断续的线条，宽度一般较均匀，且取决于焊件的预留间隙。

4. 未熔合

未熔合也是一种焊接缺陷。在焊接过程中，填充金属和母材之间或填充金属与填充金属之间没有熔合在一起称为未熔合。填充金属与母材之间的未熔合称为坡口未熔合；填充金属与填充金属之间的未熔合称为层间未熔合。未熔合是虚焊，实际上是未焊上，受外力的作用极易开裂，因而也是很危险的缺陷。层间未熔合，渗透检测无法发现，只有坡口未熔合且延伸至表面时，渗透检测才能发现。其显示为直线状或椭圆形的条状。

5. 冷隔

冷隔是一种铸造缺陷。在浇铸时，两股金属液流到一起时没能真正地融合在一起，而呈现出的断续或连续的线状表面缺陷。冷隔常出现在远离浇口的薄截面处，一般目视可见。渗透检测时，其显示有时呈粗大且两端圆秃的光滑线状；有时呈紧密、连续或断续的光滑线条。

6. 折叠

折叠是一种锻造缺陷。在锻造或轧制工件的过程中，由于模具太大、材料在模子中放置位置不正确、坯料太大等原因而产生的一些金属重叠在工件表面上的缺陷，称为折叠。折叠通常与工件表面成一定夹角，多发生在锻件的转接部位。且结合紧密，故渗透液的渗入较为困难。但只要露出表面，采用高灵敏度的渗透液和较长的渗透时间，仍然是可以发现的。折叠的显示为连续或断续的细线条。

7. 疏松

疏松是铸件在凝固结晶过程中，由于补缩不足而形成的不连续且形状不规则的孔洞。这些孔洞大多存在于工件内部，经抛光或机加工后，有的露出表面，露出表面的疏松，渗透检测较易发现。根据疏松形状不同，其显示有的呈密集点状，有的呈密集的短条状、有的呈聚集的块状，且散乱分布。每个点、条、块的显示又是由很多个靠得很近的小点显示连成一片而形成的。

应当注意：对于弥散状显微疏松，由于可形成一较大区域的微弱显示，故应对相关部位重新检测，以排除虚假显示，不可简单仓促地作出评价。

8. 其他

焊接夹渣和铸造夹渣也都是常见的缺陷。其形状多种多样，很不规则，夹渣露出表面时，渗透检测是可以发现的。

缝隙是金属在滚轧、拉制棒材时，在棒材表面形成的一种沿长度方向很直的缺陷，犹如棒材上有一条缝那样，故称为缝隙缺陷。渗透检测时，其显示是一条又直又长的线条。

附录列举渗透检测常见的部分缺陷显示，供参考。

5.3.4 缺陷显示的等级评定

1. 总则

对确认为缺陷的显示，均应进行定位、定量及定性等评定，然后再根据引用的标准或技术文件，评定质量级别，做出合格与否的判定。

评定缺陷时，应严格按照标准或技术文件的要求进行。在定量评定时，要特别注意缺陷的显示尺寸和实际尺寸的区别。因为前者往往比后者大得多。

显像时间与缺陷评定的准确性有密切的关系。显像时间太短，缺陷的显示甚至不会出现。在湿式显像中，随着显像时间的延长，缺陷显示会扩散，甚至使互相接近的缺陷显示图像就像一个缺陷一样。因此，随着显像时间的延长，应不断地观察缺陷显示的形貌变化，才能比较准确地评价缺陷大小和种类。因此，按渗透检测标准或技术说明书上所规定的显像时间对缺陷显示进行评定是非常必要的。

应当指出：渗透检测所给出的缺陷显示图像，只提供呈现在工件表面上的二维空间的形状和尺寸（长度×宽度），既没有深度方向的尺寸，更没有缺陷内部形状或抗分离的信息，对强度影响最大的缺陷性质、深度及端头的曲率半径等信息也没有提供，因而按对强度影响的大小来进行缺陷的等级分类是困难的。现行的标准，对缺陷的评定抛开缺陷对强度的影响，仅就缺陷显示的形貌进行。这种做法也有一定的科学性，因为现行的质量验收标准通常是按下述方法制定的：

1）引用类似工件的现有质量验收标准，这些现有的标准都是经过长时间的实际使用考核后，被证明是可靠的。

2）按一定的工艺试生产一批工件，进行渗透检测，对渗透检测发现缺陷的工件，进行破坏性试验，如强度或疲劳试验等，再根据试验的结果制定出合适的质量验收标准。

3）根据经验或理论的应力分析，制定出质量验收标准，还可将有典型缺陷的工件进行模拟实际工作状态试验，然后制定出质量验收标准。

对明显超出质量验收标准的缺陷，可立即做出不合格的结论。对于那些缺陷尺寸接近质量验收标准的，需在白光下借助放大镜观察，测出缺陷的尺寸和定出缺陷的性质后，才能做出结论。超出质量验收标准而又允许打磨或补焊的工件，应在打磨后再次进行渗透检测，确认缺陷被打磨干净后，方可验收或补焊。补焊后还需再次进行渗透检测或其他方法检验。

按验收标准进行评定为合格的工件，应做合格标记，发往下道工序。评定不合格的工件应做不合格标记。特别是报废的工件，应做好破坏性标记，以防止将废品混入合格

品中，而产生质量事故。现场检验时，一定要将合格品与报废品严格分开。

2．级别评定实例

现以 GJB 2367A 标准为例，简述质量分级情况。

该标准按缺陷显示不同分为线状显示、圆形显示和分散形显示，其规定如 5.3.1。

线状显示和圆形显示的等级以及在 2500mm² 矩形面积 （最大边长为 150mm） 内长度超过 1mm 的分散形显示的等级按表 5-2 评定。

表 5-2　缺陷显示的等级评定

等级	线状和圆形显示的等级	分散形显示的等级
	显示的长度 / mm	显示的总长度 / mm（2500mm²矩形面积内）
1	1～<2	2～<4
2	2～<4	4～<8
3	4～<8	8～<16
4	8～<16	16～<32
5	16～<32	32～<64
6	32～<64	64～<128
7	≥64	≥128

下面举例说明具体等级评定：

[例 1] 检测某一叶片，发现 2 个缺陷显示，其间距为 1.9mm，显示长度均为 3mm，宽度均为 0.8mm，若按 GJB 2367A 标准评定，可评几级？

解：缺陷显示的长度为：3＋3＋1.9＝7.9mm

因：3/0.8＞3　故按线状显示处理，查表 5-2 中"线状和圆形显示的等级"可知：

3 级允许的显示长度为 4～<8mm，故评为 3 级。

[例 2] 检测某一叶片，在 2500mm² 矩形面积范围内，发现 7 个分散形显示，其直径均为 1.1mm，若按 GJB 2367A 标准评定，可评几级？

解：缺陷显示的总长度为：1.1×7=7.7mm，查表 5-2 中"分散形显示的等级"可知：

2 级允许的显示长度为 4～<8mm，故评为 2 级。

标准不同，评定结果也有差异，现再以 CB/T 3958《船舶钢焊缝磁粉探伤、渗透探伤工艺和质量分级》标准为例，说明这一情况：

该标准有关质量等级评定的规定如下：

CB/T 3958 标准按缺陷显示不同分为线状缺陷和圆形缺陷，其规定如 5.3.1；

根据缺陷方向不同，把缺陷分为横向与纵向缺陷，横向缺陷是指缺陷长轴方向与工件轴线夹角 ≥30°的缺陷，其余为纵向缺陷；

同一直线上有两个或两个以上缺陷，其间距≤2mm 时，按一个缺陷处理，其长度为显示长度之和加间距；

标准规定：任何裂纹、未熔合、横向缺陷显示、长度≥1.5mm 线状缺陷显示以及长度≥4mm 的圆形缺陷显示都是不允许存在的。

缺陷显示累积长度的等级评定按表 5-3 进行。

表 5-3　缺陷显示累积长度的等级评定

评定区尺寸 / mm	等级	缺陷显示长度 / mm
5×100	I	<0.5
	II	≤2
	III	≤4
	IV	≤8
	V	大于Ⅳ级

下面举例说明具体等级评定：

[例 3] 焊缝上发现在一直线上有 2 个缺陷，显示长度均为 3mm，宽度为 0.8mm，间距为 1.9mm，试根据上述标准评定该焊缝质量级别。

解：因 2 个缺陷都在同一直线上，且间距小于 2mm，故应按一个缺陷处理，其长度为：

$$L = 3 + 3 + 1.9 = 7.9 \text{mm}$$

因：该缺陷属于线状缺陷，且长度大于 1.5mm，判为不合格。

[例 4] 焊缝上 35mm×100mm 范围内，存在 3 个缺陷，显示长度均为 2mm，间距均为 2.5mm，试根据上述标准评定该焊缝质量级别。

解：缺陷在 35mm×100mm 范围内的累计长度为：$L = 2+2+2 = 6$mm

按表 5-3 规定，Ⅳ级允许的缺陷显示累积长度为：$4 < L \leq 8$，故评为Ⅳ级。

5.4　缺陷的记录

对缺陷进行评定以后，需将缺陷记录下来，常用的缺陷记录方式大致有如下三种：

1）画出工件的草图，在草图上标出缺陷的相应位置、形状和大小，并注明缺陷的性质。

2）采用粘贴-复制技术：透明胶带转印是复制技术中最简单的一种。复制时，应先清洁显示部位四周，并进行干燥，然后用一种透明胶带纸轻轻地覆盖在显示上，然后在显示的两边轻轻地挤压胶带纸，挤压时，应注意不要用力太大，以免显示变形。粘好后，从检验表面上细心地提起胶带，再将其粘贴在薄纸上或记录本中。

另一种方法是采用可剥性塑料薄膜显像剂，显像后，剥落下来，贴到玻璃板上，保存起来。剥下的显像剂薄膜包含有缺陷显示，在白光下（或紫外线灯下）可看到缺陷显示。

3）用照相机直接把缺陷显示的迹痕拍照下来。着色显示在白光下拍照，最好采用彩色胶片，使记录的缺陷显示更真实。荧光渗透检测的显示应在黑光下拍照，这就需要熟练的照相技术，拍照时，镜头上要加黄色滤光片，并需采用较长的曝光时间。一般的做法是：先在白光下用极短的时间曝光以产生工件的外形，再在不变的条件下，继续在黑光下进行曝光，这样可得到工件背景上的缺陷的荧光显示的照片。

5.5　渗透检测报告和记录

　　进行渗透检测时，应做好记录。渗透检测完成后，应签发渗透检测报告。原始记录及检测报告一般应包括下述内容：

　　1）受检工件状态：包括工件名称、编号、形状和尺寸、表面粗糙度、材料牌号及热处理状态等。

　　2）检验方法及条件：包括渗透液、乳化剂、显像剂及去除剂的种类及型号；渗透液、乳化剂、显像剂施加方法；渗透时间及温度；显像时间；清洗用的水压、水温；乳化时间、预清洗方法等。

　　3）检验标准、验收标准。

　　4）检测结论：包括缺陷名称、大小、合格与否的结论等（注明质量验收标准）。

　　5）示意图：包括检测部位、缺陷显示部位等。

　　6）其他：检验日期，检验人员签名、复核校对人员签名等（注明人员资格）。

*5.6　国内外渗透检测标准简介

5.6.1　国内渗透检测标准简介

　　1. GJB 2367A《渗透检验》

　　这份标准除渗透检验方法外，还包括质量控制等内容。主要参照 ASTM E1417—1999 Standard Practice for Liquid Penetrant Examination（液体渗透检验的标准实施规程）进行编写。有关渗透检验用材料的试验方法，引用了 HB 7681—2000《渗透检验用材料》相关内容；同时也吸收了 ASTM E165—2002 Standard Practice for Liquid Penetrant Inspection Method（液体渗透剂检验的标准试验方法）和 HB/Z 61—1998 渗透检验的合理内容。该标准除了包括其他行业标准都规定的渗透检验方法和质量控制等内容外，还增加了对检测机构进行鉴定和认证的要求；增加了以保护环境为目的的选材和选择工艺的原则，并强调了渗透污水处理设备、渗透检测生产线等要求；增加了对热塑性材料制件进行渗透检验时，使用高温条件的限制。

　　这份标准与国内外同类标准相比，其突出特点主要表现在以下几个方面：

　　1）这份标准是在学习与借鉴国内外同类无损检测标准的基础上编制的，对于国内外无损检测标准的先进内容，尽量纳入，以确保标准的先进性。

　　2）这份标准属军工领域材料和零、部（组）件渗透检测通用标准。涉及内容广泛，考虑问题全面，处理方法科学合理。设备、检验用材料、检验方法、技术安全及质量控制等方面充分考虑了军工生产的特点，操作性更强。

　　3）这份标准比较详细而全面地规范了渗透检测技术与技术管理。

　　2. 其他标准

　　HB 7681《渗透检验用材料》。这份标准是以 MIL-I-25135（现被 AMS2644 代替）为蓝本，针对国内生产渗透检测材料而制定的。国内生产渗透检测材料厂家很多，但质

量良莠不齐，特别是军工部门用材料必须保证质量且与国际接轨，符合国外权威标准。HB 7681 详细规定了渗透检测材料各性能指标及其鉴定方法，与 AMS2644 水平相当。

另外，国内还有很多标准值得借鉴，如表 5-4 所示。

表 5-4　国内部分渗透检测标准

序　　号	标　准　号	标　准　名　称
1	GB/T 9443	铸钢件渗透探伤及缺陷显示迹痕的评级方法
2	GB/T 12604.3	无损检测术语　渗透检测
3	JB/T 6062	焊缝渗透检验方法和缺陷迹痕的分级
4	JB/T 6902	阀门铸钢件　液体渗透检查方法
5	JB/T 6064	渗透探伤用镀铬试块　技术条件
6	JB/T 7523	渗透检测用材料技术要求
7	JB/T 8466	锻钢件　液体渗透检验方法
8	JB/T 9213	无损检测　渗透检查 A型对比试块
9	JB/T 9216	控制渗透探伤材料质量的方法
10	JB/T 9218	渗透探伤方法
11	QJ 2505	着色渗透检测方法
12	QJ 2286	铸件荧光渗透检验方法
13	CB/T 3802	船体焊缝表面质量检验要求
14	HB/Z61	渗透检验
15	MH/T3003.1	航空器无损检测　渗透检验

5.6.2　国外渗透检测标准简介

本书主要介绍 ASTM 和 AMS 标准，ASTM 是美国材料与试验协会的英文缩写，该技术办会成立于 1898 年，是美国历史最长、规模最大的民办标准化学术团体之一，其制定的 ASTM 标准在国际上很有影响，是最具权威的标准之一，具有数量多，技术先进、更新快等特点。虽然 ASTM 标准并非针对军工产品，但鉴于其内容广泛、技术先进的特点，自 20 世纪 80 年代开始,美国国防部在制定美军标 MIL 的过程中逐步扩大了对 ASTM 标准的直接采用，甚至以 ASTM 标准替代已有的 MIL 标准，目前，已经有 2800 多个军用标准被 ASTM 标准替代。可见，ASTM 标准对于国防科技工业领域是极具借鉴与参考价值的。

（1）ASTM E1417—1999 Standard Practice for Liquid Penetrant Examination（液体渗透检验的标准实施规程）和 ASTM E165—2002 Standard Practice for Liquid Penetrant Inspection Method（液体渗透剂检验的标准试验方法）　ASTM E1417 标准替代了原MIL-I-6866，ASTM E1417 和 ASTM E165 都是制定渗透检测工艺的标准。标准规定了渗透检测的分类、整个过程的工艺参数，质量控制等。只是 ASTM E165 比 ASTM E1417内容更详细，ASTM E1417 标准中也有参考 ASTM E165 的内容，但 ASTM E165 中的一些详细条款，附录等不太适合我国国情，因此，在制定国内标准时，均以 ASTM E1417为蓝本，如 GJB 2367A 和 HB/Z 61 等标准的制定。

（2）AMS 2644 和 AMS QPL-2644　它替代了原 MIL-I-25135 标准，是一个权威、

完整、科学、合理的关于渗透检测用材料标准。标准规定了渗透检测材料的类型，性能指标要求及鉴定试验方法。与之配套的 AMS QPL-2644 是一个公认的渗透检测材料合格产品目录，被列入该标准的材料是经过权威试验室鉴定的可信的产品。现在很多国外航空公司等在本公司文件里都有规定："原则上应采用 AMS QPL-2644 中的产品。" 国内很多航空、民航等公司在对外合作时，都执行外国公司的文件规定。

（3）其他标准　除上述介绍的标准，国外还有以下标准可供参考。

序　号	标　准　号	标 准 名 称
1	AMS2645K	荧光渗透检验
2	AMS2646D	着色渗透检验
3	AMS3155C	溶剂去除型油基荧光渗透剂
4	AMS3156C	可水洗型油基荧光渗透剂
5	AMS3157C	溶剂去除型强荧光油基荧光渗透剂
6	AMS3158B	水基荧光渗透液
7	ASTM E1208	用亲油性后乳化工艺做液体荧光渗透检验的试验方法
8	ASTM E1209	用可水洗工艺做液体荧光渗透检验的试验方法
9	ASTM E1210	用亲水性后乳化工艺做液体荧光渗透检验的试验方法
10	ASTM E1219	用溶剂去除工艺做液体荧光渗透检验的试验方法
11	ASTM E1220	用溶剂去除工艺进行液体着色渗透检验的试验方法
12	ASTM E1418	用水洗工艺进行液体着色渗透检验的试验方法

注：上述标准绝大多数已被美国机械工程师协会（ASME）锅炉与压力容器委员会采用。

复 习 题

1．显示的解释和缺陷评定有何联系和区别？
2．一般把显示分为几类？其产生的原因是什么？
3．一般把缺陷显示分为几类？其规定如何？
4．简述渗透检测的常见缺陷及其显示的特征。
5．缺陷评定的依据是什么？应注意哪些问题？
6．渗透检测记录和报告应包括哪些基本内容？

第6章　渗透检测的质量控制

6.1　质量控制的必要性

渗透检测的质量控制是保证渗透检测本身的工作质量可靠性的重要手段。渗透检测本身的工作质量的可靠性在一定程度上决定了产品安全使用的可靠性。所以，渗透检测的质量控制是保证产品安全使用的重要条件。很显然，如果渗透检测本身的工作质量不可靠，产品工件中的缺陷，甚至危害性的缺陷，虽然经过渗透检测，但却不能发现，那么，渗透检测的工作就失去意义。更为严重的是：产品的安全使用可靠性就得不到保障，就可能在使用中出现失效，甚至造成破坏。

新购进的渗透检测材料和设备，在使用前，必须进行适当的控制和检验，以确保其性能符合规定的质量验收要求；使用中的材料和设备，由于外界的污染、设备老化等原因，其性能也可能发生变化，为保证每次检验的可靠性和一致性，也必须对使用中的材料和设备进行定期的校验。

渗透检测的质量控制主要应包括：检验人员、材料、设备、工艺方法、检验环境等内容。

6.2　渗透检测材料的性能校验

6.2.1　渗透液的性能校验

1. 外观检查

渗透液应是清彻透明，色泽鲜艳，无污物等。着色液在白光下观察，应呈鲜艳的红色；荧光液在黑光灯照射下，应发黄绿色或绿色的荧光；着色荧光渗透液在白光下观察，其颜色应是红、橙或紫色，在黑光灯照射下应发荧光。

2. 润湿性能检查

渗透液应具有良好的润湿性能，一般用润湿性比钢铁材料差的铝板来测定。可用脱脂棉球沾少量的渗透液涂到干净的铝板表面上，并涂抹成薄层，若渗透液能容易地润湿铝板表面并能形成完好的覆盖层，且经 10min 后观察，渗透液层不应收缩，也不形成小泡，则说明其润湿性能良好。

3. 含水量测定

含水量是指油基渗透液中含水的体积占渗透液总体积的百分比。含水量主要是针对水洗型渗透液而言的，渗透液的含水量太大，会使其性能变坏，灵敏度降低，故要求渗

透液的含水量要小，新购进的水洗型渗透液，含水量控制在 2%（V/V）以下，使用中的水洗型渗透液，一般控制在 5%（V/V）以下。

水洗型渗透液的含水量用水分测定器测量。水分测定器的结构如图 6-1 所示。测定方法如下：取 100ml 的渗透液和 100ml 无水溶剂（如二甲苯）置于容量为 500ml 的圆底玻璃烧瓶中，摇动 5min，使其混合均匀。然后用电炉、酒精灯或小火焰的煤气灯加热烧瓶，使水分蒸发，水蒸气在冷凝管处受冷凝结成水而回落到集水管中，直到水分完全蒸发为止。操作中，应控制回流速度，使冷凝管的斜口每秒钟滴下 2～4 滴液体。含水量按下式计算：

$$含水量（\%）= \frac{B}{100ml} \times 100\%$$

式中　B——集水管中水的容积，单位是 ml。

4. 容水量测定

容水量是指使渗透液刚出现分层、混浊、凝胶等现象时的最大含水量。容水量也是主要针对水洗型渗透液而言的，要求渗透液的容水量大一点好，一般要求允许的容水量不应低于 5%（V/V）。

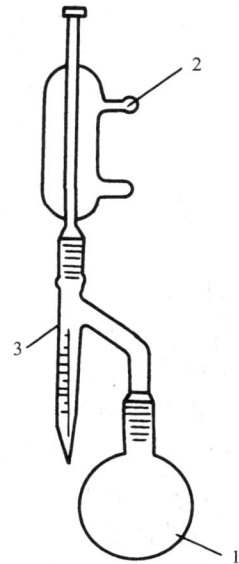

图6-1　水分测定器

在开口槽中使用的渗透液，应测量其容水量，测量方法如下：

取 20ml 渗透液置于 50ml 的烧杯中，杯中放入一直径为 8mm、长为 25mm 的磁性搅棒，并将烧杯放在磁性搅拌器上，调整搅拌速度（约 60r/min），使其混合速度快且不带汽泡。用滴液管逐次往渗透液中加入清水滴，当被测材料变得混浊或随着搅拌棒的放慢观察到变浓时则达终点。这时，应关闭滴液管并记录加水总量，按下式计算容水量：

$$容水量（\%）= \frac{B}{50ml + B} \times 100\%$$

式中　B——加入水的总量，单位是 ml。

本实验的温度应控制在 21℃±3℃温度下进行。

5. 腐蚀性试验

要求渗透液对工件应无腐蚀。渗透液的腐蚀性试验方法如下：

首先把镁合金（如 MB2 或 ZM5）、铝合金（如 7075-T6）铬钼结构钢（30CrMoA）按 100mm×10mm×4mm 的规格加工成试样。然后，将试样的一半浸入渗透液中，另一半留在液面上，再将它们置于 50℃±1℃ 的恒温水溶槽中，保温三小时后，将试样从渗透液中取出，水洗型渗透液直接用水冲洗，后乳化型渗透液在乳化后再用水冲洗干净，再将试样烘干。最后进行目视检查，比较试样浸入渗透液部分和未浸入渗透液部分之间的差别，是否出现失光、变色和腐蚀等现象。若试样两个半平面无明显不同，则说明基本无腐蚀。

6. 去除性校验

要求渗透液应易清洗，具有良好去除性能。渗透液去除性能常用吹砂试块测定。方法如下：

（1）水洗型渗透液的去除性校验　先将被检渗透液和标准渗透液（标准渗透液的制备方法是：从每批新的渗透液中取出 0.5kg，贮存于密封的玻璃容器内，注明材料批号等标志，避免阳光的照射，防止温度对它的影响，以此作为标准对比渗透液）分别施加于两块吹砂试块的表面上，然后让试块以大约 60°角滴落 10min，在滴落结束后，将试块置于水洗设备中，水洗设备应有两个喷嘴，用水压为 0.17MPa、温度为 21℃±3℃的水冲洗，水洗时间 30s。水洗完成后，再在 71℃±3℃的干燥箱内干燥，施加适当显像剂，冷却至室温，在辐照度不少于 1000μW/cm^2 的黑光灯（或照度不小于 1000 lx 的白光）下检查，被检渗透液和标准渗透液应基本一致，不应保留比相应的标准渗透液多的残余渗透液。

（2）亲油性后乳化型渗透液的去除性校验　先将被检渗透液和标准渗透液分别施加于两块吹砂试块的表面上，然后让试块以大约 60°角滴落 10min。再将试块浸入乳化剂中，让试块以大约 60°角滴落 1min。在滴落结束后，立即将试块置于水洗设备中，水洗设备应有两个喷嘴，用水压为 0.17MPa、温度为 21℃±3℃的水清洗。水洗完成后，再在 71℃±3℃的干燥箱内干燥，施加适当显像剂，冷却至室温，在黑光灯（或白光）下检查，被检渗透液和标准渗透液应基本一致，不应保留比相应的标准渗透液多的残余渗透液。

（3）亲水性后乳化型渗透液的去除性校验　先将被检渗透液和标准渗透液分别施加在两块吹砂试块的表面上，然后让试块以大约 60°角滴落 10min。在滴落结束后，立即将试块置于水洗设备中进行预水洗，水洗设备应有两个喷嘴，用水压为 0.17MPa、温度为 21℃±3℃的水清洗。水洗完成后，将试块浸入乳化剂中，乳化时间为 2min，再用相同条件的水洗设备清洗试块，最后在 71℃±3℃的干燥箱内干燥，施加适当显像剂，冷却至室温，在黑光灯（或白光）下检查，被检渗透液和标准渗透液应基本一致，不应保留比相应的标准渗透液多的残余渗透液。

（4）溶剂去除型渗透液的去除性校验　先将被检渗透液和标准渗透液分别施加在两块吹砂试块的表面上，然后让试块以大约 60°角滴落 10min。先用清洁无绒的布或纸巾擦拭，再用沾有去除剂的清洁无绒的布或纸巾擦拭，去除表面多余的渗透液。施加适当显像剂，在黑光灯（或白光）下观察比较，若两者差别不大，则该渗透液仍可使用，如相差悬殊，则说明该渗透液去除性能差，需要更换。

7　渗透液的色泽（或荧光亮度）比较测定

（1）比较测定法　取两支玻璃试管，一支装上标准渗透液，另一支装上使用的渗透液，密封放置 4h 以上，然后在白光（或黑光灯）下，比较色泽（或荧光亮度），并观察有无分层、沉淀等现象。

（2）用荧光亮度计（照度计）测量荧光渗透液荧光亮度的方法　取两张干净的滤纸，分别用标准渗透液和被检渗透液润湿，然后烘干，再置于黑光灯下比较，若两者的发光强度无明显差别，则说明被检渗透液的发光亮度合格；如两者有明显的差别，则应进一步再做比较试验，具体方法如下：

1）将标准渗透液和被检渗透液用二氯甲烷稀释至 10%的浓度；

2）再用上述两种稀释液润湿两张 80mm×80mm 的滤纸，再置于温度在 85℃ 以下的烘干装置中烘干；

3）将荧光亮度计置于黑光灯下，移动亮度计，使其得到最大值；再调节黑光灯的高度，使亮度计的读数为 250 lx 为止；

4）取出荧光亮度计的荧光板，换上浸过渗透液的滤纸，分别记下两张滤纸的读数；

5）将两读数之差除以浸渍过标准荧光液的滤纸的读数，其百分数应不大于 15%，否则渗透液应更换。

（3）着色液色泽的光电比色法　着色液的色泽与着色染料的种类、染料的溶解度有关。颜色越深，着色液对光的吸收能力越强，故可用消光值来衡量。将待测的渗透液与标准渗透液分别在分光光度计上进行比色，并读出消光值，再进行比较。

8．灵敏度试验

（1）试块比较法　按 GJB 2367A 标准规定：使用中的渗透液的灵敏度鉴定可在组合试块上的五点压痕部分进行，把使用中的渗透液与未使用过的去除剂和显像剂组成渗透检测系统，按规定工艺对组合试块上的五点压痕部分进行检测，各种灵敏度等级的渗透液所显示的人工缺陷显示点数应不低于表 6-1 的规定。

表 6-1　灵敏度等级与显示点数

灵 敏 度 等 级	显 示 点 数
1/2级——最低灵敏度	1
1级——低灵敏度	2
2级——中灵敏度	3
3级——高灵敏度	4
4级——超高灵敏度	5

渗透液的灵敏度试验也可在 A 型或 C 型试块上进行，试块的一半用标准渗透液，另一半是用待测的渗透液，采用相同的渗透工艺进行操作，最后将两者进行比较。

（2）黑点试验法　黑点试验是测定荧光渗透液发光强度的试验，也是评价荧光渗透液灵敏度的一种方法。黑点试验也称新月试验，这种方法是测量荧光液被扩展成多厚的薄层时，在一定辐照度的黑光照射下，具有最大发光亮度的一种方法。刚好具有最大发光亮度时的荧光液薄层的厚度，称为临界厚度。由于临界厚度以上的荧光亮度与临界厚度处相同，故常用临界厚度值来表示荧光液在黑光辐射下的发光强度。临界厚度越小，发光强度愈大，灵敏度越高。黑点试验方法如下：

在一块平板玻璃上滴几滴荧光渗透液，再将一块曲率半径为 1060mm 的平凸透镜的凸面压在荧光液上，这时，透镜与平板之间的荧光液呈薄膜状，如图 6-2，在透镜与平板接触的点上，荧光液的厚度为零，接触点附近的荧光液形成薄膜，离中心越近，液层越薄。

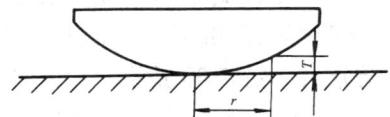

图6-2　黑点试验示意图

在黑光的照射下，临界厚度以上的薄层能发出最大的荧光亮度。而在接触点及临界厚度以下的极薄层的荧光液不能发出荧光，而形成黑点。黑点越小，说明临界厚度越小。临界厚度可用下式求得：

$$T = \frac{r^2}{2R} = \frac{d^2}{8R}$$

式中　r —— 黑点半径，单位是 mm；

　　　d —— 黑点直径，单位是 mm；

　　　R —— 透镜的曲率半径，即 1060mm。

黑点愈小，临界厚度越小，说明扩展成薄膜时，在紫外线下被观察到的可能性愈大，从这个意义上讲，也可以说荧光液的灵敏度越高，因而也常用临界厚度或黑点直径来作为衡量荧光液灵敏度的尺度。超亮渗透液的黑点直径在 1mm 以下。

9. 稳定性试验

渗透液的稳定性试验主要包括渗透液对光、热、温度的稳定性。

（1）荧光液的黑光稳定性试验　荧光液黑光稳定性试验所用的仪器和所需的试样与荧光液亮度比较试验相同。将 10 张滤纸浸入到待测的荧光液中，取出干燥 5min 后，把其中 5 张滤纸试样悬挂于无强光、强热和强大空气流的地方；其余 5 张在均匀稳定的黑光下照射 1h，黑光的辐照度为 $800\mu W/cm^2$。经照射后，按荧光液亮度比较试验规定的方法测试。然后将暴露于黑光灯下的试样的平均荧光亮度与未暴露于黑光灯下的试样的平均值相比较，最低合格值如表 6-2 所示。

表 6-2　荧光渗透液的黑光稳定性试验最低合格值

渗　透　液	最低合格值
低灵敏度荧光液	50%
中灵敏度荧光液	50%
高及超高灵敏度荧光液	70%

（2）渗透液的热稳定性试验　渗透液的热稳定性试验方法与黑光稳定性试验相类似。具体方法如下：

将 10 张滤纸浸入到待测的渗透液中，取出后干燥 5min，然后将其中 5 张悬挂于无强光、强热和强大空气流的地方；将其他的 5 张滤纸试样置于干净的金属板上，在 121℃±2℃的空气静止烘箱中烘 1h。再按渗透液亮度比较试验规定的方法，交替测出渗透液的亮度。对于装入烘干箱的试样，应用未与金属板接触的一面进行测定。然后将暴露于高温下的试样平均亮度值与未暴露于高温下的试样的平均亮度值进行比较。最低合格值分别为：低及中灵敏度渗透液为 60%，高及超高灵敏度渗透液为 80%。

（3）渗透液的温度稳定性试验　温度稳定性试验是将被检的渗透液密封于玻璃瓶内，再将试样从室温冷却至-18℃，保温 8h，然后再加温至 66℃，再保温 8h，接着再冷至室温。经两次温度循环后，进行目视检验，渗透液不应显示离析的现象。

10. 槽液寿命试验

取 50ml 被检渗透液装入直径为 150mm 的耐热烧杯中，然后放入对流烘箱内，在 50℃±3℃的温度下保温 7h，取出后冷至室温，渗透液不应有离析、沉淀或形成泡沫。

11. 其他试验

渗透液的持续时间试验是将渗透液在 20℃±5℃ 温度条件下停留 4h，然后进行去除性检验合格。

渗透液的粘度测定可按 GB 265 标准规定进行。

渗透液的闪点测定可按 GB 261 标准规定的方法进行。

渗透液的表面张力可用毛细管法或滴重法测定。

6.2.2 乳化剂的性能校验

（1）乳化性能校验　取两块吹砂钢试块浸入适当的后乳化型渗透液中，垂直悬挂滴落 3min 后，将试块置于水洗设备中，水洗设备应有两个喷嘴，用水压为 0.17MPa、温度为 21℃±3℃ 的水冲洗，水洗时间 30s。然后，将一个试块浸入待测的乳化剂中，另一个浸入标准乳化剂中，时间均为 30s，取出后，垂直滴落 3min，以相同的清洗条件去除表面渗透液，再用压缩空气吹干，最后在白光下或黑光下观察比较其背景，待测的乳化剂的去除性不应明显低于标准乳化剂，否则说明乳化剂的乳化性能不合格。

（2）亲油性乳化剂的允许含水量检验　在亲油性乳化剂中加入 5%（体积比）的水，搅拌均匀后观察，不应有凝胶、离析、混浊或分层等现象产生。再将加入 5%（体积比）水的乳化剂与相应的渗透液配用，渗透液不能产生凝胶、离析、混浊、凝聚或在渗透液面上形成分层，同时，与该乳化剂相配用的渗透液的去除性能要符合要求。

（3）亲水性乳化剂的容水量测定　浓缩的亲水性乳化剂的容水量测定方法与渗透液的容水量测定方法相同。允许的容水量不应低于 5%（体积比）。

（4）温度稳定性检查　亲油性乳化剂和浓缩的亲水性乳化剂，其温度稳定性检查方法与渗透液的温度稳定性检查方法相同。乳化剂的组分不得离析。

（5）亲油性乳化剂的槽液寿命检查　检查方法与渗透液的槽液寿命检查方法相同。不应出现离析、沉淀或泡沫。

6.2.3 显像剂的性能校验

1. 干粉显像剂的性能检验

（1）外观检查　干粉显像剂是一种颗粒极细且附着性强的干燥、松散、轻质的白色粉末，不应有聚集颗粒和块状物。干粉显像剂常与荧光渗透液配合使用，故在黑光灯下不应发荧光。

对于重复使用的干粉显像剂，应定期在黑光灯下检查其受污染的程度，检验方法是在平板上撒一层薄干粉，在直径为 10cm 范围内，若观察到 10 个以上的荧光斑点，则为不合格。

（2）干粉的松散性检验　取一个清洁、干净、刻度为 500ml 的量筒准确地从 500ml 刻度处切齐，称出量筒的质量（G_1），精确到 0.5g，将量筒倾斜，使显像剂粉末沿筒壁轻轻滑入量筒内，使其充满溢出，每添加一次，恢复垂直位置一次，使无空穴形成。操作过程中，严禁摆动或敲击量筒。用直尺刮去多余粉末。在量筒口捆扎一张纸，让量筒从 25mm 高处反复地自由落到一厚度为 10mm 且有一定硬度的橡胶板上，将粉末墩实，每落下一次，将量筒转 90°，一直重复墩实，直至体积不变为止，读下此时的体积刻度值（V）。最后，除去捆扎的纸，称取量筒和盛装显像剂粉末的总重量（G_2）。

显像剂的松散密度为显像粉末的净重量（G_2-G_1）除以 500，其值应小于 0.075，即每升松散的显像剂的重量不应超过 75g。

显像剂的摇实密度为净重量除以装实后所得的体积，即（G_2-G_1）/V，其值不应大于 0.13，即每 1000ml 体积内，显像剂的重量不应多于 130g。

（3）荧光污染与水污染检查　取一块吹砂钢试块，将其一半浸入蒸馏水中，快速摆动数次后置于干粉显像剂中，然后取出，在室温下干燥，再在 $1500\mu W/cm^2$ 的黑光灯下检查。与标准显像剂相比，不应有更多的荧光呈现。试块的两半部对比，可检查显像剂被水污染的情况。

2.　湿式显像剂的质量检验

（1）再悬浮性能检验　将湿式显像剂（水基或非水基悬浮显像剂）按照制造商的说明书进行配制，再静置 24h 后，轻轻摇动，已形成的沉淀能很容易地再悬浮。

（2）湿式显像剂悬浮性的校验　将显像剂充分搅拌后，取 25ml 显像剂置于 25ml 的量筒中，静置 15min，观察沉淀后的分界线，对溶剂悬浮显像剂，其分界线距上表面应不大于 2ml 的刻度，对水基湿显像剂，要求分界线距上表面的距离应不超过 12.5ml。

（3）灵敏度检验（适应性能检验）　采用与显像剂相应的渗透液和相应的工艺，在标准裂纹试块上进行渗透检测的全过程操作。标准裂纹试块表面的显像剂涂层应均匀一致，与标准显像剂相比，缺陷显示要符合要求。

（4）覆盖性检验　在进行灵敏度校验时，湿式显像剂在试件表面上应能形成均匀且平滑的涂层，说明显像剂的覆盖性符合要求。

6.3　渗透检测系统灵敏度鉴定

渗透检测系统的性能应每天检查一次，用现在使用的渗透检测系统，应按规定的工艺，对已知缺陷的标准试块进行处理，将检测结果（人工缺陷显示的点数、亮度或颜色深度等）与未使用过的渗透检测系统对试块进行处理所获得的检测结果（显示照片或其他记录）相比较，以评定渗透检测系统的灵敏度。

6.3.1　低灵敏度渗透检测系统鉴定

采用 A 型试块鉴定。将被检渗透检测材料施加于 A 型试块的半个表面上，将标准渗透检测材料施加于 A 型试块的另一半表面上，试验参数按表 6-3 的规定，按渗透检测的标准操作程序处理 3 块 A 型试块，分别对水洗型、后乳化型、溶剂去除型渗透检测材料进行鉴定。被检渗透检测材料在 A 型试块上所显示的痕迹，其数量和亮度应等于或超过标准渗透检测材料所有的显示。

表 6-3　低灵敏度的渗透检测系统试验参数

试验参数 渗透检测材料	渗透时间/min	乳化时间/min	显像时间/min
水洗型	10	—	5
后乳化型	10	荧光2 着色：0.5	3
溶剂去除型	10	—	5

6.3.2　中、高和超高灵敏度渗透检测系统鉴定

采用 C 型试块鉴定。分别将被检渗透检测材料和标准渗透检测材料按 6.3.1 所述的方法施加于 C 型试块的两个半表面上，按表 6-4 所规定的试验参数和标准操作程序处理 3 块试块，被检渗透检测材料在 C 型试块上的所有显示，其数量和亮度应等于或超过相应标准渗透检测材料的所有显示。

表 6-4　中、高和超高灵敏度的渗透检测系统试验参数

渗透检测材料　　工序	水 洗 型	后乳化型（亲油）	后乳化型（亲水）	溶剂去除型
施加渗透液	5min	5min	5min	5min
预水洗	—	—	水压0.2MPa 水温：20℃±5℃ 1min	—
乳 化	—	2min	按制造厂浓度，2min	—
水 洗	水压0.2MPa 水温：20℃±5℃ 5min	—	水压0.2MPa 水温：20℃±5℃ 2min	—
溶剂擦洗	—	—	—	根据要求
干燥和显像	干：轻微气流吹干30min；水温：20±5℃；显像：15min			

*6.3.3　渗透检测系统检测表面孔穴灵敏度鉴定

一般采用陶瓷试块鉴定渗透检测系统检测表面孔穴灵敏度。其方法是：在陶器试块的两面分别施加被检渗透检测材料和相应的标准渗透检测材料，如果是鉴定低灵敏度的渗透检测系统，其试验参数按表 6-2 确定；如果是鉴定中、高和超高灵敏度的渗透检测系统，则其试验参数按表 6-3 确定；均按照渗透检测标准程序进行操作，最后检查被检渗透检测材料在陶瓷试块上所显示的点状痕迹，其数量和亮度应等于或超过相应标准渗透检测材料所显示的点状痕迹。

6.4　渗透检测材料的质量控制

渗透检测材料的质量，是渗透检测成败的关键，因此，必须严格控制检测材料的质量，确保其性能可靠，方能保证渗透检测工作的可靠性。

6.4.1　新购进的渗透检测材料的质量控制项目

渗透检测材料由渗透液、去除剂（或乳化剂）及显像剂组成。选用这些材料时，必须采用同一厂商提供的同族组的产品，不同族组的产品不能混用，未经有关部门鉴定、验收或批准的产品不准采用。当配制成分或制作方法的改变超出正常允限时，应重新鉴定。新购进的渗透检测用材料的性能鉴定项目如表 6-5 所示。

表 6-5　渗透检测用材料的性能鉴定项目

材　　料	鉴　定　项　目
渗透检测用材料	1. 毒性 2. 腐蚀性 3. 闪点 4. 粘度 5. 贮藏稳定性 6. 氯、氟及硫含量 7. 与液氧的兼容性
渗透液	1. 表面润湿 2. 持续停留时间 3. 颜色 4. 荧光特性（亮度、紫外线稳定性） 5. 温度稳定性 6. 槽液寿命 7. 可去除性
乳化剂	1. 颜色 2. 渗透液污染 3. 允许水含量 4. 槽液寿命 5. 浓度 6. 温度稳定性
显像剂	1. 对比性 2. 湿显像剂的再悬浮性、沉淀性和适用性 3. 干显像剂的松散性、荧光污染及水污染 4. 可去除性
溶剂去除剂	1. 残余渗透液 2. 油状残余物
—	渗透检测系统灵敏度

　　检测单位对每批新购进的材料的性能应在入厂时进行复查，合格的方可使用。渗透检测材料的复查项目见表 6-6。

表 6-6　渗透检测材料的复查项目

材　　料	抽　查　项　目
渗透液	闪点、粘度、荧光亮度、可去除性、含水量、灵敏度（C型试块）
乳化剂	含水量
显像剂	干式显像剂的松散度、湿式显像剂的再悬浮性、沉淀性（沉降速率）、可去除性

6.4.2　使用过程中的渗透检测材料质量控制

　　凡使用中的渗透检测材料应进行定期检验，检查项目、周期和判定见表 6-7。应当指出：标准不同，检查项目、周期和判定也不尽相同。当工作量不足时，检验周期也可

适当延长，但一般只允许延长至下次检测工作开始之前。质量控制工作可由本单位无损检测部门或由独立的合同试验室来完成。

表 6-7　　使用中的渗透检测材料的检查项目、周期和判定

检查项目	周　期	判　定
渗透液的污染	每天	如明显的出现沉淀、析蜡、泛白、组元分离、表面起泡或其他污染与离解等迹象中的任一情况，应报废或按产品说明书调整
水基渗透液的浓度	每周	用折射仪检查，应符合生产厂家的推荐值
非水基水洗型（A法）渗透液的含水量	每周	超过体积分数的5%时应报废，或者加足够的未用渗透液调整至含水量低于5%
荧光渗透液的荧光亮度	每季	其亮度值应处于未使用的荧光渗透液标样的荧光亮度值90%～110%范围内
渗透液的去除性	每月	去除性不得明显低于未使用过的渗透液标样，否则更换
渗透液的灵敏度	每周	见6.2.1节第8条
亲油性乳化剂的含水量	每月	如含水量体积分数比原乳化剂超过5%时，应报废或调整到合适的含量
乳化剂的去除性	每月	将使用过的乳化剂和未使用过的渗透液组成的系统与未使用过的乳化剂和未使用过的渗透液组成的标准系统相比较。使用中的乳化剂的去除性不应明显低于标准系统
干粉显像剂的状态	每天	松散、不结块。结块的显像剂应更换。对于反复使用的显像剂，应检查荧光的污染程度，在直径100mm圆面积内，亮点多于10个时，应更换显像剂
水溶性和水悬浮显像剂的污染	每天	检查水溶性和水悬浮显像剂的荧光性和覆盖性。将显像剂浸涂在洁净铝板（80mm×250mm）上，干燥后在黑光灯下观察。显像剂涂层应均匀、全面地覆盖铝板，并不得有荧光
水溶性和水悬浮显像剂的浓度	每周	用比重计检查其浓度。浓度值应符合供方的浓度值
亲水性乳化剂的浓度	每周	用折射仪检查其浓度。应符合生产厂家的推荐值
系统性能	每天	见6.3节

注：渗透液的去除性、渗透液的灵敏度和乳化剂的去除性检查可在系统性能检查中结合完成。

6.5　渗透检测设备、仪器和试块的质量控制

1. 黑光灯的质量控制

黑光灯辐照度应每天校验一次。新更换灯泡或滤光片的黑光灯也应检查辐照度。每天还应检查黑光灯滤光片的完好性和清洁性，发现损坏或弄污时，应及时更换或处理。

黑光辐照度的校验方法是采用黑光辐照度检测仪或黑光照度计测量，测量的方法如下：

开启黑光灯 20min 后，将黑光辐照度检测仪置于黑光灯下，调节黑光强度检测仪的过滤片到与光源的距离为 380mm，读出检测仪的读数，其数值应大于 $1000\mu W/cm^2$。

如用黑光照度计测量，则照度计到灯光的距离为 460mm，其读数应不低于 70 lx。

实际使用黑光灯时，需要测量黑光辐射有效区，其测量方法如下：

首先，将黑光灯置于平时检验时的高度位置，开启预热 20min，然后将黑光辐照度检测仪置于黑光灯下，水平移动检测仪，使其读数达到最大值时为止。

在工作台上，以读数最大点的位置为中心，画出垂直的两条直线，如图 6-3。再将黑光辐照度检测仪置于交点处，沿每条直线按 150mm 的间隔点依次检测，并记下读数，直到测得读数为 $1000\mu W/cm^2$ 读数点为止。记下这些点，将这些点连接成圆形，这个圆内区域就是黑光灯辐射有效区。

零件检验应在上述有效区范围内进行。

黑光灯使用较长时间后，输出功率将降低，如果降低 25%以上（达不到 $1000\mu W/cm^2$）时，则该黑光灯应更换。

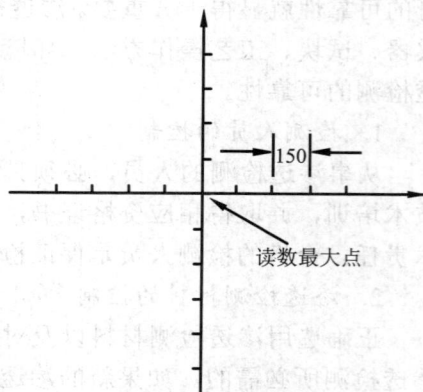

图6-3　黑光灯辐射有效区的测量

2. 光度计的质量控制

渗透检测中的光度计是指黑光辐照度计、白光照度计和荧光亮度计，这 3 种仪器在使用前，必须由计量部门检定，并出具合格证书，方可使用，以后每半年或一年应检定一次。

黑光辐照度计用于测量黑光辐照度，波长范围为 300～400nm，峰值为 365nm。

荧光亮度计用于测定和比较荧光渗透液的荧光亮度，波长范围为 430～520nm，峰值为 500～520nm。

白光照度计用于测定白光照度，照度范围应为 0～1600 lx 或 0～6450 lx。

3. 其他设备的质量控制

设备的温度、压力和时间等参数的显示与调节装置，应每班检查一次。压力表、温度计和计时器至少每年校验一次。

4. 检验区的质量控制

对于固定的荧光渗透检测系统，暗室每天检查一次，环境白光照度应不大于 20 lx，且无荧光污染和反射干扰。对于着色渗透检测系统，检验工作台应每天检查一次，白光照度应大于 1000 lx。

5 试块的质量控制

铝合金试块（A 型试块）用于比较两种渗透检测材料的优劣，不锈钢镀铬试块（B 型试块）用于校验操作方法和工艺系统的灵敏度，黄铜镀铬试块（C 型试块）用于鉴别渗透检测材料的性能和灵敏度等级。上述三种试块的制造厂家应经认可，并出具试块鉴定合格证书。

应当指出：荧光检测使用的试块和着色检测使用的试块应分开，不允许两者混用。

试块经使用后，应用丙酮进行彻底清洗，不应残留任何检测材料的痕迹。清洗后，将试块存放在乙醇、丙酮各 50%（V/V）混合溶剂的密封容器内保存。

如发现试块有堵塞或是灵敏度与原先比较有下降时，必须及时更换。

*6.6　渗透检测系统的可靠性控制

渗透检测用于评价和控制产品的质量，是确保产品可靠性的重要手段，渗透检测自身的可靠性就显得十分重要。渗透检测的可靠性主要依赖于人员、渗透检测材料的性能、仪器、试块、工艺操作方法、环境条件等因素的控制。若其中某一环节失控，将降低渗透检测的可靠性。

1. 检测人员的控制

从事渗透检测的人员，必须具备渗透检测的基础理论知识和丰富的检测经验，经过技术培训，并取得相应资格证书，方可从事与证书等级相应的检测工作，并负相应的技术责任。合格的检测人员是保证检测结果可靠的基础。

2. 渗透检测材料的控制

正确选用渗透检测材料以及对新购进和使用中的渗透检测材料定期校验是进行可靠渗透检测所必需的。如果新的渗透检测材料不符合要求或使用中的渗透检测材料受到污染而使性能变坏时，则渗透检测过程的有效性可完全被破坏。具体控制方法见 6.4 节。

3. 仪器、试块的控制

应正确选用、使用和定期校验渗透检测所用的仪器、试块。使其处于受控状态，确保仪器设备和试块的完好状态，具体控制内容及方法见 6.5 节。

4. 环境条件的控制

渗透检测环境条件的控制主要是指对温度、压力、振动情况和检测场地的控制。

1）温度的影响及控制：渗透液表面张力、粘度以及润湿能力等均与温度有关，通常温度升高，表面张力系数和粘度均降低，对渗透液的动态渗透参量和静态渗透参量都存在较大影响。正常的检测温度一般控制在 $10\sim50℃$ 的范围内，低于或超过这一温度范围，必须做对比试验。

2）压力的影响：由渗透液进入缺陷的深度公式 $h=b/[1+dp_0/(2\alpha\cos\theta)]$ 可知：外界压力 p_0 愈小，渗透液渗入缺陷的深度就愈大，真空渗透检测能提高灵敏度就是基于这一原理。

3）振动的影响：当被检工件周期性振动产生交变应力时，总有某一时刻的振动所产生的力恰好扩大缺陷的宽度，并有助于克服渗透阻力，使渗透液易于渗入缺陷；另外，振动有利于非贯穿性缺陷中的气体逸出，减少外界压力，这些都有利于提高渗透检测的灵敏度，提高检测的可靠性。

4）检测场地主要是指检测的场所、暗室以及检验的光照条件等。

5. 工艺操作的控制

渗透检测工艺操作过程中，任何一步操作的失误或不当，都可影响缺陷检出，降低检测灵敏度，使可靠性降低。因此，操作人员必须严格按照工艺卡进行检测，不得违反；工艺卡的任何修改或变更，必须经技术负责人批准以后方可实施。

每班开始工作时，应将人工缺陷试块或自然缺陷试块，放在第一批被检工件中，按正常的操作工艺进行渗透检测试验。然后，在白光（或黑光灯）下检验试块，再将检验结果

与该试块的缺陷复制板或照相记录进行比较，达到相同效果时，才能开始本班的工作。

用人工缺陷试块和自然缺陷试块在每班开始之前所做的上述控制校验，是对渗透检测工艺的综合检查，故也称为工艺性能的控制校验。

6．工件状况对检测可靠性的影响。

（1）缺陷宽深比对检测灵敏度的影响　渗透检测灵敏度与缺陷宽深比密切相关，缺陷的宽度 d 与深度 b 之比称为宽深比（d/b）。教材 1.3.4 节已经叙述：缺陷内渗透液的渗入深度为：

$$h = \frac{2b\alpha\cos\theta}{dp_0 + 2\alpha\cos\theta} = \frac{2\alpha\cos\theta}{\dfrac{2\alpha\cos\theta}{b} + Kp_0}$$

当 $d > 5\mu m$ 时，dp_0 远大于 $2\alpha\cos\theta$，这时：

$$h \approx \frac{2\alpha\cos\theta}{Kp_0}.$$

式中　K —— 缺陷宽深比，$K = d/b$。

由此可知，缺陷宽深比 K 小，缺陷内渗透液的渗入深度 h 大，毛细作用强，灵敏度高。反之，缺陷宽深比大，灵敏度低。实际检测中，K 值较小的裂纹比较容易检出，而 K 值大的凹陷性缺陷难以检出就是这个原因。当然，当 d 过小而使染料微粒难以渗入缺陷时，灵敏度也会降低。

（2）工件表面粗糙度对检测可靠性的影响　工件表面粗糙度对灵敏度有较大的影响，表面粗糙度高，清洗困难，缺陷显示对比度差，灵敏度低。只在当工件表面较为光洁时，才能发现较小的缺陷。

复 习 题

1．简述渗透检测质量控制的内容和必要性。

2．简述渗透液的性能校验项目和校验方法。

3．简述乳化剂的性能校验项目和校验方法。

4．简述显像剂的性能校验项目和校验方法。

5．简述渗透检测系统灵敏度的鉴定方法。

6．简述使用过程中的渗透检测材料的质量控制的内容和校验周期。

7．简述试块质量控制的内容和校验周期。

8．渗透检测系统的可靠性与哪些因素有关？

第7章　安全与卫生技术

7.1　防火安全

渗透检测所使用的检测材料，除干粉显像剂、乳化剂以及喷罐内使用的氟利昂气体是不燃物质外，其余大部分是可燃性有机溶剂，如煤油、酒精及丙酮等。因此使用这些可燃性的渗透检测材料时，一定要和使用普通油类或有机溶剂一样，在储存和使用过程中，都应采取必要的防火措施。

1.　储存渗透检测材料的防火安全措施

1）盛装渗透检测材料的容器应加盖密封。

2）储存地点应远离热源及烟火，避免阳光直接照射，应储存在冷暗处。

3）严禁将压力喷罐存放于高温处。因为罐内气雾剂的压力随温度的升高而增大，有发生爆炸的危险。

2.　工作场所的防火安全措施

使用可燃性渗透检测材料时，要充分注意防火，因此，操作现场应做到文明整洁，具有切实可行的防火措施。

1）工作场所应备有专人管理的灭火器，以供必要时使用。

2）工作场所与渗透检测材料储存室应分开。工作场所应尽量避免存储大量的渗透检测材料。

3）盛装渗透检测材料的容器应加盖，并尽量密封。对于挥发性大的物质，如着色去除剂、显像剂等易挥发的物质，使用后应密封保管。

4）避免阳光直射到盛装渗透检测材料的容器，特别是压力喷罐，更应注意。

5）避免在火焰附近及高温环境下操作，特别是压力喷罐，如温度超过 50℃，更应特别注意，操作现场禁止明火存在。

6）当环境温度较低时，压力喷罐内的压力会降低，喷雾将减弱且不均匀。此时，可将其放于 30℃以下的温水中加温，然后再使用。但绝不允许将压力喷罐直接放在火焰附近进行加温，以免发生爆炸。

7.2　卫生安全

1.　渗透检测材料对人体健康的危害

渗透检测中使用的有机溶剂，有些对人体是有毒的。比如：苯和苯的衍生物，大多有一定的毒性，其中以苯和硝基苯的毒性最大；四氯化碳、三氯乙烯、二氯乙烷、甲醇

等都有较强的毒性；还有一些化学试剂，例如丙酮、松节油、乙醚等，对人有刺激和麻醉作用，属低毒性的溶剂；还有一些试剂，例如火棉胶，本身基本无毒，但如遇明火燃烧，则可生成极毒的氢氰酸和过氧化氮气体；当渗透检测材料沾染到人的皮肤时，由于皮肤上的油脂会被渗透检测材料溶解而去除，时间久了会引起皮肤发炎和疼痛。除化学试剂外，染料和显像剂的粉尘在空气中超过一定的浓度，人们吸入后也引起呼吸道粘膜的炎症，例如鼻炎、咽炎、支气管炎等，长期吸入会造成矽肺。

　　渗透检测造成的人体中毒，以慢性中毒最多，且多属累积性毒性。因此，采取积极的安全防护措施是十分必要的。

　　2. 紫外线辐射对人体健康的危害

　　在荧光渗透检测中所使用的黑光是高压水银弧光灯的光辐射中滤出的长波紫外线。众所周知，紫外线会产生物理、化学及生物效应。紫外线所产生的各种生理效应明显与波长有关，波长小于 330nm 的短波紫外线对人体是有害的。而用于荧光渗透检测的长波紫外线（波长 330～450nm）则不会引起晒黑或其他严重后果。但是，眼球受到黑光的照射后，会发出荧光，导致眼球荧光效应，使视力变得模糊，还会产生其他不舒适的感觉。若长期暴露在黑光下，因受到刺激会引起头痛，极端情况下甚至会引起恶心。然而，在一般情况下，是无害的，且这种现象不是长期效应。

　　但是，如果滤光片或屏敝罩破裂，那些波长小于 330nm 的短波紫外线泄漏出来，则受到短波紫外线辐射的工作人员的眼睛就有可能患角膜炎及结膜炎。这种疾症类似于"雪盲症"。开始时，感到眼睛有"沙粒"，对光过敏及流泪，并有可能发展到暂时失明。这种症状通常在接触短波紫外线辐射后的 6～12h 出现，并延续到 12～24h，一般在 48h 后又会消失。这种症状无累积效应，因此，黑光滤光片或屏敝罩一旦破裂失效，就不得再投入使用。

　　3. 有毒化学药品对人体危害的途径

　　有毒化学药品对人体的毒害大致有三种途径：

　　1）经呼吸道进入人体，在肺泡中进行交换，渗入血液而进入全身，引起人体机能失调和障碍。该类毒物一般以气态、烟雾、粉尘状态污染操作场所的空气而危害人体。

　　2）经消化道进入人体，由肠胃吸收而运至全身。这类中毒一般是误食毒物或因毒物污染饮食器具而造成。

　　3）经人体皮肤渗透进入人体。这种中毒是由于接触某些渗透力极强的药品后才能引起。

　　4. 卫生安全防护措施

　　1）在不影响渗透检测灵敏度，满足零件技术要求的前提下，尽可能采用低毒配方来代替有毒和高毒的配方。

　　2）采用先进技术，改进渗透检测工艺和完善渗透检测设备，特别是增设必要的通风装置，降低有毒物质或臭氧在操作场所空气中的浓度。

　　3）严格遵守操作规程，正确使用个人防护用品，例如口罩、防毒面具、橡胶手套、防护服和涂敷皮肤的防护膏等。现介绍两种常用皮肤防护膏的配方如下：

　　配方 1：　　　　　　　硬脂酸　　　　　　　　　　12.0%

	氧化锌	3.0%
	植物（或动物）油	85.0%
配方2：	白蜂蜡	26.0%
	液状石蜡	57.5%
	硼砂	1.5%
	水	15.0%

在上述配方内加入硼酸（4%）或安息香酸（5%），可中和碱性刺激。加入碳酸氢钠（4%）或氧化镁（3%）可中和酸性刺激。

4）三氯乙烯受到紫外线照射时，会产生有害气体。在除油过程中，注意不要让三氯乙烯滞留在零件的盲孔里或其他凹陷之处。

5）操作现场严禁吸烟，一是防火安全所必须，二是防止吸入有毒气体。

6）用三氯乙烯蒸气除油时，要经常向槽内添加三氯乙烯溶液，防止加热器露出液面，否则会引起过热，产生剧毒气体。

7）显像粉会使皮肤干燥，刺激人的气管，所以操作者应带橡胶手套，工作现场应有抽风装置。

8）工作前，操作者手上应涂防护油，最好戴上防护手套和围裙，可避免皮肤与渗透检测材料直接接触而污染，工作完毕后，防止皮肤干燥或开裂，甚至引起皮炎。

9）波长在330nm以下的短波紫外线对人眼有害，所以严禁使用不带滤光片或滤光片破裂的紫外线灯。

10）荧光渗透检测中，操作人员应尽量避免暴露在黑光下，以免眼球产生荧光效应。必要时，可戴紫外线防护镜，如图7-1所示。因这种眼镜不允许紫外线通过，只允许可见黄绿色光通过。同时，还应注意观察滤光片或屏敝罩是否破裂失效，一旦发现破裂失效，就不能投入使用。

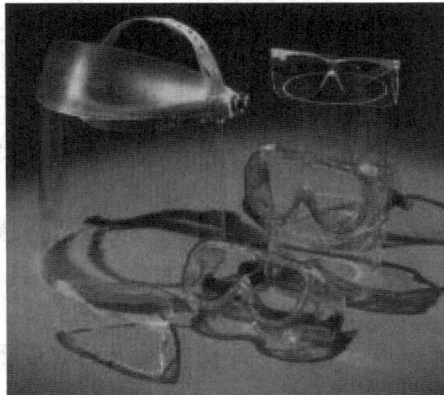

图7-1　防护镜

11）对检测人员进行预检和定期体检也是重要的防护措施。预检是对新参加渗透检测的工作人员进行体检，以便及早发现不宜从事这项工作的某些疾病患者。这些疾病有哮喘、血液病、肝和肾的实质性疾病及精神病等。定期体检可以早期发现毒物对人体危害至病情况，早期治疗，并采取必要的预防措施。

7.3　渗透检测材料废液的控制

1. 渗透检测材料废液的种类

渗透检测过程中造成污染的物质主要有各种脂类、油类、有机溶剂、非离子型表面活性剂、乙二醇、着色染料或荧光染料等。在水洗型或后乳化型渗透检测工艺中，去除表面多余渗透液的操作程序所使用过的清洗水就或多或少地带有上述污染物，其含量一般都超过允许的排放标准，为不污染环境，应进行处理。

2. 污染物的处理技术

污染物的处理方法较多，技术也较复杂，这里仅做简要介绍。

（1）从工艺上降低污染

1）改进工艺，使施加渗透液的量达到最小。如采用静电喷涂或喷雾的形式施加渗透液。

2）在渗透或乳化等工序中，尽量延长滴落的时间，减少拖带。

3）采用后乳化型或水洗型检测工艺时，去除表面多余渗透液可分两步实施，第一次清洗水可以回收，直至被污染至无法使用时为止；第二次清洗过的水，可补充到第一次清洗水中去。

（2）用活性碳过滤废水　后乳化型或水洗型渗透检测工艺中产生的废水，是渗透液被直接乳化而产生的用水稀释的乳化液，其中所含的渗透液物质一般少于重量的 1%，且由于表面活性剂大多是亲水的，故相对比较稳定。在这些废水处理过程中，应先使用一些电解质和絮凝剂，将废水中的乳化剂分解，从而将渗透液的非水物质从水中分离出来；被分离出来的絮凝污物，经过滤后可送至锅炉焚化；剩下的水经过砂子（或硅藻土）和活性碳过滤装置（或其他过滤装置），即可达到净化废水的目的。

复 习 题

1. 渗透检测中为什么要采取防火措施？
2. 渗透检测材料储存中应采用哪些防火措施？
3. 渗透检测场所应采用哪些防火措施？
4. 渗透检测材料对人体健康有何危害？
5. 强紫外线对人体健康有何危害？
6. 渗透检测中，应采用哪些卫生安全防护措施？
7. 渗透检测材料废液有哪些种类？介绍几种处理方法。

第8章　渗透检测的应用

渗透检测在国防科技工业中的应用是多种多样的，检测的部件不但种类繁多，而且材质也各不相同；但从渗透检测的工艺方法考虑，可以把各种部件分为铸件、锻件、焊接件、机加工件等，从而选择适当的检测方法。

8.1　铸件的渗透检测

1. 铸件的特点

铸件是由熔融金属浇铸入铸模，经冷却而成的构件。铸件中常发现的主要缺陷是气孔、夹杂物、缩孔、疏松、冷隔、裂纹和白点等。前几种缺陷易产生于浇冒口及其下部截面最大部位和最后凝固的部位；而冷却速度过快、几何形状复杂、截面变化大的铸件易产生收缩裂纹；白点易产生于某些合金铸件中。只有这些缺陷露出表面时，渗透检测才可以检出。铸件表面粗糙，形状复杂，给渗透检测的清理和去除工序带来困难，为克服这些困难，并保证足够的灵敏度，常采用水洗型荧光渗透检测工艺。但对重要铸件，诸如涡轮叶片，采用精密铸造法制造，其表面光洁，故也采用后乳化型渗透检测工艺。

2. 铸件的水洗型荧光渗透检测程序

（1）预处理　因为铸件表面粗糙，故必须采用机械方法对铸件表面进行修整，如采用小砂轮打磨，锉刀修磨，或者直接使用喷砂方法。然后再用水或有机溶剂进行预清洗，以去除表面油污、灰尘和金属污物。经清洗干净的铸件应进行烘烤干燥，以除去工件表面及残留在缺陷中的水分，烘烤干燥的温度一般为80℃左右，烘干后，应让铸件冷却至30℃左右，方可施加渗透液。否则如果工件温度过高，会使渗透液强烈挥发后干在工件表面和变质，妨碍清洗及渗透液的再使用，并降低检测灵敏度。

（2）渗透　施加渗透液时，对尺寸小的铸件可采用浸涂，对较大型的工件，可采用喷涂、流涂或刷涂等。施加的方法可视具体情况而定。渗透时间一般为10min左右，环境温度在15～40℃。在整个渗透时间内，应使被检部位始终被渗透液所覆盖并处于润湿状态。

（3）去除　采用水压不超过0.27MPa、水温为10～40℃的淋浴状水直接冲洗经过渗透的工件，冲洗时，喷嘴与工件表面之间的间距约为300mm左右，由于渗透液中含有乳化剂，故遇水可自行乳化，使表面多余的渗透液形成小液滴分散于水中冲走，达到清洗的目的。

为掌握清洗质量的好坏，对荧光渗透检测而言，需将工件置于紫外线光源下进行清洗，及时观察工件表面多余荧光渗透液的残留情况。

（4）干燥　清洗完毕后，擦去铸件表面多余的水分，或用压缩空气吹干，必要时，

可放入热空气循环干燥箱中烘干。干燥箱中的温度保持在 70℃ 左右，表面烘干即可，避免过分干燥。

（5）显像　铸件经干燥后，可用喷洒方式施加干粉显像剂进行显像。应使显像剂成雾状均匀地覆盖在被检工件表面上，显像时间为 10~60min，显像结束后，轻轻敲打工件可抖掉多余的显像粉。干粉显像具有足够的灵敏度、且有较高的分辨力，另一方面，它不像其他湿式显像剂那样，会从铸件的孔隙中回渗出大量渗透液而造成缺陷显示图像失真。

（6）检验　将显像完毕后的铸件放于暗室或暗幕中进行观察。观察时，暗室白光照度应小于 20 lx。当光源距工件约 380mm，黑光灯的辐照度应不少于 $1000\mu W/cm^2$。在观察中，还应随时对缺陷做出标记，并做好记录。对有怀疑的部位，可用溶剂润湿的脱脂棉擦去显示，干燥后重新显像或应用放大镜在白光下进一步观察。

（7）签发报告　根据标准、规范或技术文件，出具检测报告，做出合格与否的结论。

8.2　锻件的渗透检测

1. 锻件的特点

锻件是由钢锭经锻压、挤压、热轧、冷轧、爆炸成形等锻造加工后得到的。故锻件晶粒很细。工件经锻造加工变形后，原钢锭中的内部和外部缺陷，其形态及性质均会发生变化。例如夹杂、气孔等体积型的缺陷会变得平展细长，可能形成发纹，铸钢坯的中心小孔，可能会形成夹层，表面折皱可能形成折叠或裂纹等，故锻件中常见的缺陷主要有缩孔、疏松、夹杂、分层、折叠、裂纹等，而且这些缺陷具有方向性，其方向一般与压力方向垂直而与金属流线平行。

与铸件相比，锻件表面较为光洁，故去除表面多余渗透液较易操作；且由于对锻件的承载能力的要求更高，其存在的缺陷更加紧密细小；故渗透检测时，要求使用较高灵敏度的后乳化型荧光渗透液，特别是重要部件，比如发动机的部件，要求使用超高灵敏度的后乳化型荧光渗透液，而且，渗透时间也应适当延长。

2. 锻件的后乳化型荧光渗透检测程序

（1）表面预处理　锻件的表面预清洗可采用沾有酒精或丙酮的布擦洗。如果油污较多，可采用三氯乙烯蒸气除油或汽油清洗。如锻件表面氧化皮较多，则可采用机械方法清理，也可采用酸洗或碱洗等化学方法清洗。高强度钢酸洗时，应注意防止氢脆现象，酸洗后应立即进行去氢处理。

（2）渗透　用适当方法施加后乳化型荧光渗透液，渗透时间不少于 10min，环境温度在 15~40℃ 之间。如采用浸涂方式施加渗透液时，在滴落过程中，应转动工件，防止在滴落过程中渗透液的聚集，并保持工件表面的润湿状态，防止渗透液干在工件表面上。

（3）去除　首先将水压调至不超过 0.27MPa，喷嘴与工件的距离约 300mm 左右，用水温为 10~40℃ 的水进行预清洗，以尽量除去表面多余的渗透液；再将工件浸入亲水型乳化剂中进行乳化，乳化剂浓度应按生产厂家推荐的浓度，在乳化过程中，应缓慢地搅拌乳化剂，乳化时间一般不超过 2min，应防止过乳化。乳化完毕后，再用水清洗，水温、

水压与预水洗相同，水洗应在黑光灯下进行，以检查清洗的效果。

（4）干燥　水洗完毕后，可用干净无绒的布擦干，再置于热空气循环干燥箱中烘干，干燥温度应不超过 70℃ 左右，干燥时间应尽量短，只要表面水分充分干燥即可，要防止过干燥。

（5）显像　工件经干燥后，可用喷洒方式施加速干式显像剂，喷嘴距工件约 300～400mm，喷洒方向与被检面的夹角约为 30°～40°，使被检工件表面覆盖一层显像剂薄层，显像时间约 15min。

（6）检验并出具报告　见铸件检测。

8.3　焊缝的渗透检测

1. 焊缝的特点

渗透检测被应用于现场加工的焊接构件检测中，特别是非铁磁性材料，例如铝合金、奥氏体不锈钢、黄铜管的焊缝等，更为广泛。焊缝中常见的缺陷有气孔、夹渣、未焊透、未熔合、裂纹等，只有这些缺陷露出表面时渗透检测才能检测到。对焊缝的检测，常用溶剂去除型着色检测法。

2. 焊缝的溶剂去除型着色检测程序

（1）表面预处理：着色渗透检测前，必须借助机械方法，对焊缝及热影响区表面进行清理，以除去焊渣、焊剂、飞溅、氧化物等污物，打磨焊缝时，应特别注意不要让铁屑粉末堵塞表面开口缺陷。在污物基本清除后，应用清洗液（如丙酮、香蕉水）清洗焊缝表面的油污，最后用压缩空气吹干。

（2）渗透　施加渗透液时，常采用喷涂或刷涂，一般应在焊缝上反复施加 3～4 次，每次间隔 3～5min，对小型工件，也可采用浸涂法。

（3）去除　渗透操作完毕后，先用干净的无绒布擦去焊缝及热影响区表面多余的渗透液，然后再用沾有去除剂的无绒布擦试，擦拭时，应注意沿一个方向擦拭，不能往复擦拭。在保证背景的前提下，应尽量缩短去除剂在焊缝及热影响区上的接触时间，以免产生过清洗。清洗干净的焊缝及热影响区表面应经自然风干或压缩空气吹干。

（4）显像和观察　焊缝及热影响区表面干燥后，即可施加显像剂，施加方法以喷涂法为最好，利用压缩空气或压力喷罐将溶剂悬浮显像粉均匀地喷洒在焊缝及热影响区表面上。显像 3～5min 后，可用肉眼或借助放大镜观察所显示的图像。为发现细微缺陷，可间隔 4～5min 观察一次，重复 2～3 次。焊缝引弧处和熄弧处易产生细微的火口裂纹，对这些易出现缺陷的部位，应特别引起注意。

3. 注意事项

1）焊缝经渗透检测后，应进行后清洗。多层多道焊缝，每层焊缝经渗透检测后的清洗更为重要。必须清洗干净，否则，残留在焊缝上的渗透液和显像剂会影响随后进行的焊接，使其产生缺陷。

2）对钛合金或奥氏体不锈钢焊缝进行渗透检测时，检测后的后清洗是非常重要的，特别是使用压力喷罐的罐装渗透检测材料时，显得更为重要，因为大多数喷罐内采用氟

利昂作为气雾剂，如喷罐内含有一定的水分，氟利昂就会溶解到渗透检测材料形成卤酸，腐蚀钛合金或奥氏体钢焊缝；另外，氟利昂能与油脂以任意比例互相溶解，而渗透检测材料中大量使用油脂（如煤油、松节油等）及乳化剂等物质，被检工件表面也常有油脂，这样，氟利昂中的卤素元素也能溶入渗透检测材料中间接进入受检工件表面，或直接进入受检工件表面，产生腐蚀作用。很显然，即使渗透检测材料中严格控制卤族元素的含量，但如不注意上述问题，这种控制就失去实际意义。

8.4　其他工件的渗透检测

1. 机加工工件的渗透检测

铸件、焊接件、锻件等经机加后所形成的工件，可称为机加工件。经机加工后，原在坯件中存在的缺陷，诸如气孔、夹杂、裂纹等的缺陷，可能露出表面，对机加工工件进行渗透检测时，可采用原毛坯件的检查方法。

如机加工工艺规范不当，也会产生新的缺陷，例如磨削裂纹，对机加工件热处理不当也会产生淬火裂纹等一类的缺陷，渗透检测对检查淬火裂纹比较容易。

2. 非金属工件的渗透检测

非金属工件的检测包括塑料、陶瓷、玻璃及建筑材料中的装饰宝石等的检测，主要是检测裂纹。

非金属工件的渗透检测，由于所要求的检测灵敏度较低，故采用水洗型着色渗透检测即可。并可采用较短的渗透时间。如用荧光液检测玻璃制品，可采用自显像。使用着色液检测塑料工件时，如采用溶剂悬浮显像剂显像，则悬浮溶剂最好采用醇类溶剂，不采用含氯化物的有机溶剂。

非金属工件，特别是塑料或装饰宝石等，渗透检测前，应通过试验确定渗透材料是否会浸蚀被检工件。

对于多孔性材料，例如石墨制品、陶土制品等，可使用过滤性微粒型渗透液。

3. 在役工件的渗透检测

在设备的维修和保养中，常对在役工件进行渗透检测，因为预期检出的缺陷均非常细微，诸如疲劳裂纹、应力腐蚀裂纹或晶间腐蚀裂纹等，故在渗透检测时，要求使用荧光渗透液而不使用着色渗透液。而且要求渗透时间长。如检测应力腐蚀裂纹或晶间腐蚀裂纹时，渗透时间有时需长达 4h，有时甚至还要更长的时间。在某些情况下，为检测紧闭的裂纹，可采用加载法。

在役工件的检查中，工件的预清洗特别重要，它包括如下内容：

1）工件表面的油漆、橡胶密封剂等都应去除；

2）疲劳裂纹、应力腐蚀裂纹及晶间腐蚀裂纹等常被油污或腐蚀产物所污染。这些污物都应清除干净；

3）装配系统的部件需要拆开，螺栓和其他连接件需要拆除，被检件上的油污应清洗干净；清洗的方法可采用蒸气喷射、溶剂清洗或液体腐蚀等，也可采用化学腐蚀法去除漆层；如采用酸洗，则在酸洗后，应用水洗除去残留的酸，然后再把工件烘干，以去除

工件表面的氢，防止氢脆现象的发生。

复 习 题

1. 铸件有何特点？一般采用哪种渗透检测工艺程序？应注意哪些问题？
2. 锻件有何特点？一般采用哪种渗透检测工艺程序？应注意哪些问题？
3. 焊缝有何特点？一般采用哪种渗透检测工艺程序？应注意哪些问题？
4. 在役工件有何特点？一般采用哪种渗透检测工艺程序？应注意哪些问题？
5. 非金属材料的渗透检测有何特征？应注意哪些基本问题？

第9章 渗透检测实验

9.1 非标准温度时溶剂去除型着色渗透检测灵敏度的测定

1. 实验目的

掌握非标准温度时溶剂去除型着色渗透检测灵敏度的测定方法。

2. 实验内容

在8℃时，溶剂去除型着色渗透检测的灵敏度。

3. 实验器材

1）白光光源；

2）不锈钢镀铬辐射状裂纹试块（B型试块）；

3）溶剂去除型着色渗透检测材料（一套）；

4）低温箱（温度可控）；

5）无绒布。

4. 实验步骤

1）用清洗剂清洗试块并干燥。

2）调节低温箱，使其温度保持8℃，再将B型试块和渗透检测材料置于低温箱中，保温30min。

3）将渗透液和试块从低温箱中取出，按标准方法将渗透液施加于试块上，在整个渗透时间内，应将试块置于低温箱中。

4）渗透完毕后，先用干净无绒布擦去表面渗透液，再从低温箱中取出清洗剂，按标准方法去除表面多余渗透液。

5）从低温箱中取出显像剂并摇匀，再将显像剂施加于试块上。

6）显像完毕后，将缺陷显示情况与标准图片相比较，确定灵敏度是否符合要求。

9.2 黑光灯辐照度校验方法

1. 实验目的

掌握黑光灯辐照度校验方法。

2. 实验内容

黑光灯辐照度校验。

3 实验器材

1）黑光灯；

2）黑光灯辐照度检测仪；

3）电压表；

4）钢尺：量程为 500mm。

4. 实验步骤

1）测量黑光灯电源电压值。

2）开启黑光灯并预热 20min，使其处于稳定状态。

3）将黑光灯辐照度检测仪放置于黑光灯下，调节检测仪的滤光片到灯泡的距离为 380mm，读出检测仪上的读数，其值如大于 $1000\mu W/cm^2$，则说明黑光灯辐照度符合要求。

9.3　后乳化型荧光渗透液的配制

1. 实验目的

掌握后乳化型荧光渗透液的配制方法。

2. 实验内容

配制后乳化型荧光渗透液。

3. 实验器材

1）黑光灯；

2）不锈钢镀铬辐射状裂纹试块（B 型试块）；

3）量筒　量程为 1000ml 和 250ml 各 1 个；

4）玻璃烧杯　容积 1000ml；

5）玻璃搅拌棒 1 支，长 200ml；

6）天平（称量 100g）；

7）化学试剂：灯用煤油 250ml、邻苯二甲酸二丁酯 650ml、LEP305 100ml、PEB 20g、YJP-15 4.5g。

4. 实验步骤

1）将玻璃杯、量筒、玻璃搅拌棒清洗干净。

2）量取邻苯二甲酸二丁酯 650ml，放置于玻璃烧杯中，再加入 20g 的 PEB，用玻璃棒搅拌使其充分溶解，再加入 4.5g YJP-15 并搅拌使其溶解，再缓慢加入 250ml 灯用煤油，最后加入 100ml 的 LEP305，搅拌均匀。

3）采用标准检测工艺程序处理 B 型试块，以测定新配制的后乳化型荧光渗透液的灵敏度。

说明：后乳化型荧光渗透液不应有沉淀或结块；如存在沉淀或结块，可适当提高溶剂的温度，但不应超过 40℃为宜。

9.4　溶剂悬浮显像剂的配制

1. 实验目的

掌握溶剂悬浮显像剂的配制。

2．实验内容

配制溶剂悬浮显像剂。

3．实验器材

1）白光源；

2）不锈钢镀铬辐射状裂纹试块（B 型试块）；

3）磨口三角瓶　容积 1500ml；

4）玻璃搅拌棒　1 支，长 200mm；

5）化学试制：二氧化钛 50g、丙酮 400ml、火棉胶 450ml、乙醇 150ml。

4．实验步骤

1）将玻璃杯、量筒、玻璃搅拌棒清洗干净。

2）分别量取丙酮 400ml、火棉胶 450ml、乙醇 150ml，依次倒入磨口三角瓶中，并搅拌均匀。

3）再称取 50g 二氧化钛，加至磨口三角瓶中，塞好磨口瓶塞，摇动均匀。

4）采用新配制的显像剂和与其相匹配的渗透液和去除剂，按标准方法处理 B 型试块，并将裂纹显示与复制的图片相比较，检验显像剂的灵敏度。

9.5　后乳化型（亲水型）荧光渗透液的去除性能校验

1．实验目的

掌握后乳化型荧光渗透液的去除性能校验的方法。

2．实验内容

后乳化型荧光渗透液和标准渗透液的去除性能比较。

3．实验器材

1）后乳化型（亲水型）荧光渗透液和标准后乳化型（亲水型）荧光渗透液；

2）两块喷砂钢试块；

3）水洗装置：应装有两个喷嘴，水温和水压可调。

4）黑光灯。

4．实验步骤

1）将两块喷砂钢试块分别浸入后乳化型荧光渗透液和标准后乳化型渗透液中，然后以 60°角滴落，渗透时间为 10min。

2）试块放置于水洗装置中，用水压为 0.17MPa、水温为 21℃±3℃的空心水进行预水洗，水洗时间约 15s。

3）用浸涂方式施加乳化剂，乳化时间为 2min。

4）乳化完毕后，将试块立即放入水洗装置中，用水压不大于 0.17MPa 水温为 21℃±3℃的水清洗，冲洗角为 45°，水洗时间为 30s。

5）把试块置于干燥箱内干燥，干燥温度为 71℃±3℃，干燥后施加适量的显像剂，冷却至室温。

6）试块置于辐射照度至少为 $1000\mu W/cm^2$ 的黑光下观察，比较其清洗效果。

说明：两块试块的处理过程应尽量保持一致，以使其有较好的可比性。

9.6　焊缝的着色渗透检测

1. 实验目的

掌握焊缝的着色渗透检测方法。

2. 实验内容

用溶剂去除型着色渗透检测工艺检测焊缝。

3. 实验器材

1）喷罐式溶剂去除型着色渗透检测材料：一套；

2）焊接试板：尺寸约为 150mm×200mm；

3）白光源；

4）钢丝刷、砂纸、锉刀、錾子等工具；

5）无绒布；

6）不锈钢镀铬辐射状裂纹试块（B 型试块）。

4. 实验步骤

1）预清理：先用钢丝刷、砂纸、锉刀、錾子等工具清理焊接试板的焊缝及热影响区，去除焊缝及热影区表面的飞溅、焊渣、铁锈等污物；再用清洗剂清洗焊接试板和不锈钢镀铬辐射状裂纹试块（B 型试块）的受检表面，以除去油污和污垢。

2）渗透：将渗透液喷涂于焊接试板和不锈钢镀铬辐射状裂纹试块上，渗透时间为10min，环境温度为 15～50℃；在整个渗透时间内，渗透液必须润湿受检表面，保持不干状态。

3）去除：渗透完毕后，先用干布擦去表面多余渗透液，然后用沾有去除剂的无绒布擦拭，擦拭时，应按一个方向擦拭，不能往复擦拭。

4）显像：将显像剂喷涂于受检表面，喷涂时，喷嘴距被检工件表面一般以 300～400mm 为宜，喷洒方向与受检表面夹角为30°～40°，以形成薄而均匀的显像剂层，显像剂层厚度以 0.05～0.07mm 为宜。

5）观察检验：显像结束后，应在白光下进行检验，首先检验 B 型试块上的裂纹显示，以确认灵敏度是否符合要求，如果符合要求，再检验焊接试板表面，必要时，可用5～10 倍放大镜观察。

记录并出具报告：做好记录并根据标准、规范或技术文件进行质量评定，最后出具报告。

附录　渗透检测常见的缺陷显示照片

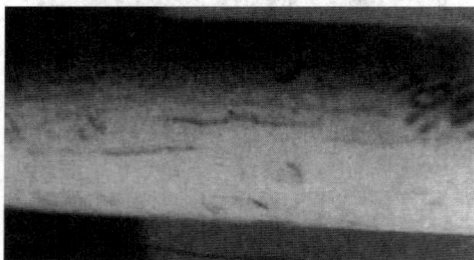

照片1　黄铜棒的氢致裂纹

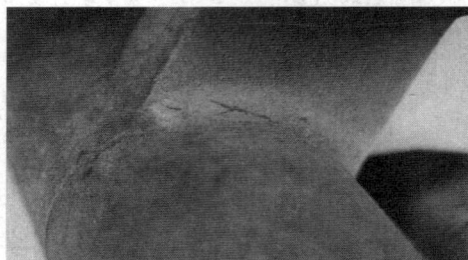

照片2　铸钢件的收缩裂纹

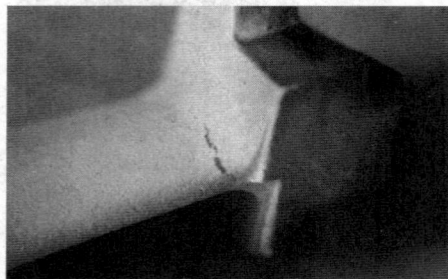

照片3　涡轮叶片收缩裂纹

照片4　螺钉裂纹

照片5　弯头折叠缝

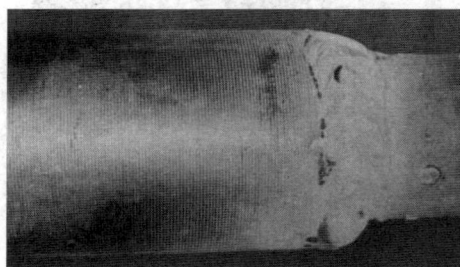

照片6　管接头的未熔合

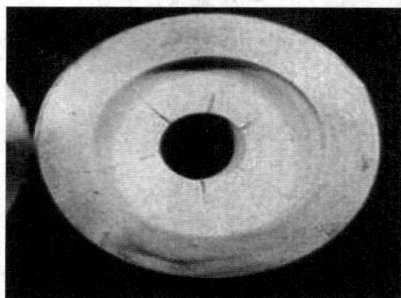

照片7　轧辊的淬火裂纹

照片8　离心机部件网状裂纹

照片9　离心机部件纵向夹杂脆裂

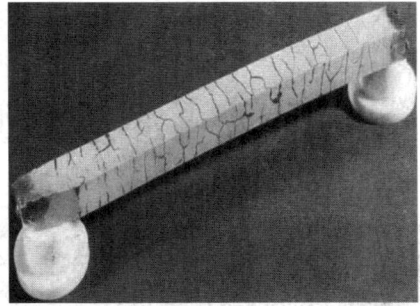

照片10　钨棒沿晶裂纹

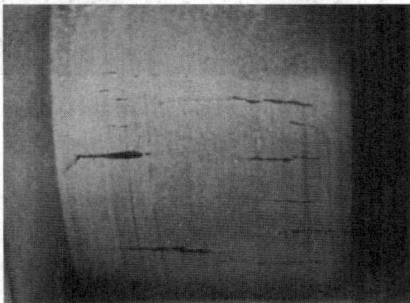

照片11　船用曲轴摺绉裂纹

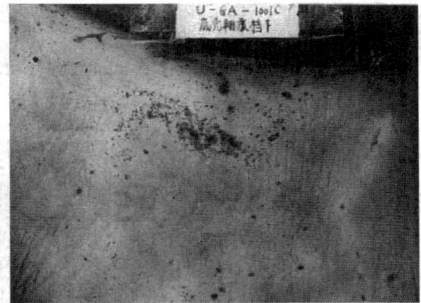

照片12　铸件疏松

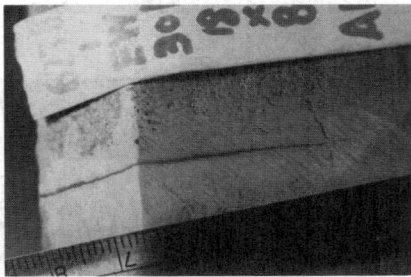

照片13　钢板分层

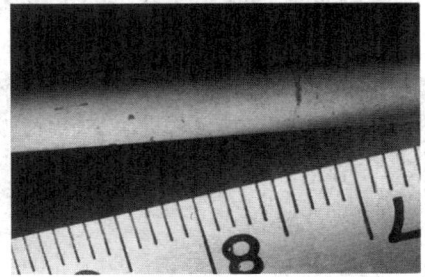

照片14　棒材应力腐蚀裂纹

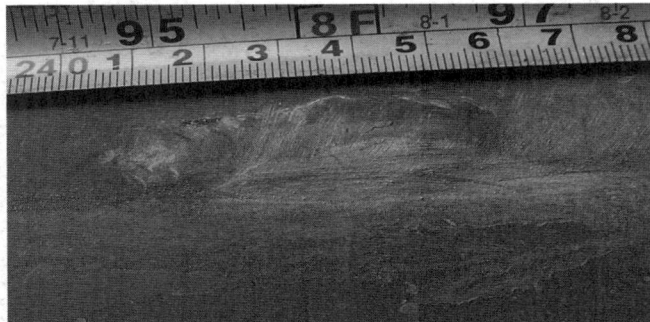

照片15　焊缝上的弧坑裂纹

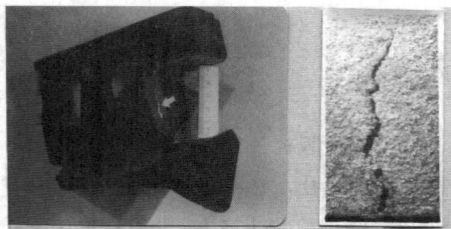

照片16　铝合金裂纹

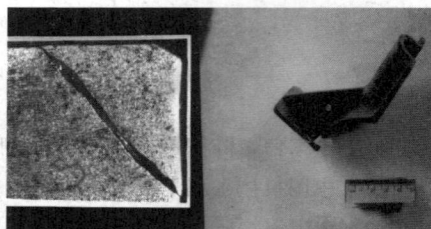

照片17　镁合金冷隔

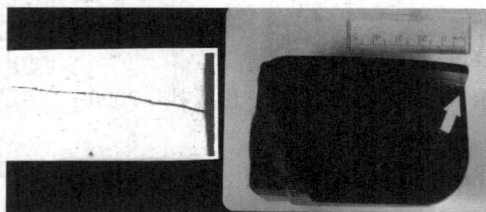

照片18　铝合金折叠

照片19　铝合金分层

照片20　钛合金疏松

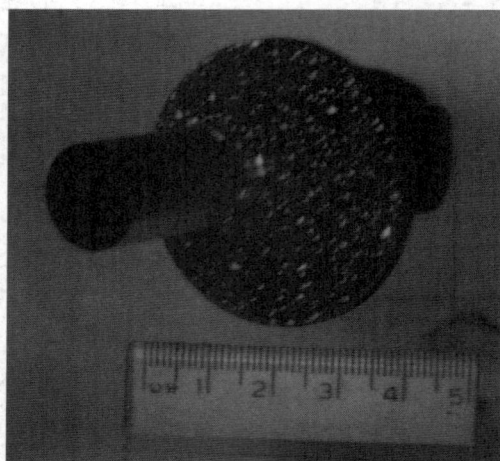

照片21　铝合金针孔

照片22　镁合金气孔

参 考 文 献

［1］李家伟，陈积懋. 无损检测手册［M］. 北京：机械工业出版社，2002.

［2］中国机械工程学会. 渗透检验［M］. 北京：机械工业出版社，1986.

［3］全国锅炉压力容器无损检测人员资格鉴定考核委员会. 渗透检测［M］. 北京：中国锅炉压力容器安全杂志社，1997.

［4］美国无损检测学会. 美国无损检测手册：渗透卷［M］.《美国无损检测手册》译审委员会，译. 上海：世界图书出版社，1994.

［5］胡天明. 表面探伤［M］. 武汉：武汉测绘科技出版社，2000.

［6］姜兆华，等. 应用表面化学与技术［M］. 哈尔滨：哈尔滨工业大学出版社，2000.

［7］李椿等. 热学［M］. 北京：高等教育出版社，1978.

［8］张天胜. 表面活性剂应用技术［M］. 北京：化学工业出版社，2001.

［9］陈梦征，归锦华. 着色探伤缺陷图谱［Z］. 机械工业部材料研究所内部资料.

［10］方光基. 渗透检验缺陷图谱［Z］. 内部资料.

本书是渗透检测人员资格鉴定与认证培训教材，内容包括渗透检测基础理论、渗透检测材料、渗透检测设备、渗透检测技术、显示的解释和缺陷评定、渗透检测的质量控制、安全与卫生技术、渗透检测的应用、渗透检测实验等，其中还对国内外渗透检测标准作了简单介绍；在附录中给出了一些典型缺陷显示照片，有助于学员在实际检测工作中对缺陷的认识及甄别。

　　本书可供渗透检测Ⅱ、Ⅲ级人员培训班的师生使用，也可供从事渗透检测工作的技术人员、管理人员参考。

图书在版编目（CIP）数据

渗透检测/国防科技工业无损检测人员资格鉴定与认证
培训教材编审委员会编. —北京：机械工业出版社，2004.8（2024.4 重印）
国防科技工业无损检测人员资格鉴定与认证培训教材
ISBN 978-7-111-14731-2

Ⅰ. 渗…　　Ⅱ. 国…　　Ⅲ. 渗透检验－技术培训－教材
Ⅳ. TG115.28

中国版本图书馆 CIP 数据核字（2004）第 058382 号

机械工业出版社（北京市百万庄大街 22 号　邮政编码 100037）
责任编辑：吕德齐　武　江
封面设计：鞠　杨　责任印制：邵　敏
三河市宏达印刷有限公司印刷
2024 年 4 月第 1 版第 15 次印刷
184mm×260mm · 9.25 印张 · 209 千字
标准书号：ISBN 978-7-111-14731-2
定价：28.00 元

凡购本书，如有缺页、倒页、脱页，由本社发行部调换
电话服务　　　　　　　　　　网络服务
服务咨询热线：010-88379833　机工官网：www.cmpbook.com
读者购书热线：010-88379649　机工官博：weibo.com/cmp1952
　　　　　　　　　　　　　　教育服务网：www.cmpedu.com
封面无防伪标均为盗版　　　金　书　网：www.golden-book.com

国防科技工业无损检测人员资格鉴定与认证培训教材

渗 透 检 测

《国防科技工业无损检测人员资格鉴定与认证培训教材》编审委员会 编

主　编　林猷文　任学冬

主　审　孙殿寿

机械工业出版社

U0656207